农村安全用电常识

（第三版）

杨清德　主编

中国电力出版社
CHINA ELECTRIC POWER PRESS

内容提要

普及安全用电常识对于构建和谐社会具有重要意义。本书采用问答的形式，重点介绍了安全用电常识、农村家庭安全用电常识、生产安全用电和触电急救等用电常识。每一个问题解答时介绍一个基本科学道理，并给出生活中的实例及安全用电注意事项。努力做到晓之以理，动之以情。

本书深入浅出，简单明了；口诀琅琅上口，便于记忆和宣传；图文并茂，生动形象，老少皆宜。

本书作为农村安全用电的科普读物，适合于农村广大村民阅读，也可作为农村中、小学生的课外读物。

图书在版编目（CIP）数据

农村安全用电常识／杨清德主编．—3版．—北京：中国电力出版社，2021.1

ISBN 978-7-5198-5034-0

Ⅰ．①农…　Ⅱ．①杨…　Ⅲ．①农村-安全用电-问题解答　Ⅳ．①TM92-44

中国版本图书馆CIP数据核字（2020）第190732号

出版发行：中国电力出版社
地　　址：北京市东城区北京站西街19号（邮政编码100005）
网　　址：http://www.cepp.sgcc.com.cn
责任编辑：马淑范（010-63412397）
责任校对：黄　蓓　于　维
装帧设计：张俊霞
责任印制：杨晓东

印　　刷：北京天宇星印刷厂
版　　次：2010年8月第一版　2013年8月第二版　2021年1月第三版
印　　次：2021年1月北京第二十五次印刷
开　　本：850毫米×1168毫米　32开本
印　　张：5.375
字　　数：151千字
定　　价：25.00元

前言

中国特色社会主义进入新时代，农村面貌发生前所未有的变化。农民经济收入逐年持续增加，各种家用电器、农用机电设备如雨后春笋般走进千家万户，然而由于部分农民的文化程度不高，安全用电意识并没有随着生活水平的提高而加强，许多安全隐患日益凸显，随之带来的用电纠纷和农电伤亡事故明显增多。根据历年的触电事故案例分析，很多事故的发生与伤亡者不懂安全用电知识有极大的关系。因此，向农民普及安全用电常识，提升农民科学用电、安全用电水平，提高农民用电安全意识，对于全面实施乡村振兴战略具有极为重要的意义。

俗话说："隐患险于猛虎，责任重于泰山。"由于多方面的原因，由电气引起的火灾、人身触电伤残、死亡等事故时有耳闻，尤其是夏、秋两季农电事故更多。一人意外触电伤亡，会给亲人造成精神痛苦和经济负担，甚至会毁掉一个好端端的家庭。各种用电事故多源于安全意识淡薄，对此必须引起高度重视。

安全用电无小事，牢记规程最重要。普及用电知识，让安全用电常识家喻户晓、妇孺皆知，是各级政府大力构建社会主义新农村和谐社会的重要工作之一。怎样才算安全用电，如何才能保证用电安全，已成为广大村民奔小康迫切需要学习的内容之一。安全用电需要警钟长鸣！

本书依据《农村安全用电规程》及有关电力法规，结合当前农村实际，针对村民用电中存在的突出问题，重点介绍了安全用电常识、农村家庭安全用电常识、生产安全用电和触电急救常识、等与农村安全用电常识有关的内容。

本书采用解答问题的形式编写，内容深入浅出、通俗易懂；口诀琅琅上口，便于记忆和宣传；图文并茂，形象生动，适合广大农村读者阅读。

本书第一版苏更林审阅了全稿，并提出了宝贵意见。本书为第三版，由杨清德主编，参加本书编写工作的还有周万平、任成明、陈凤君、兰晓军、龚万梅、李春玲、王建川、杨松、李建芬、谭海波、谭光明等老师。本书在编写过程中得到了重庆市垫江县第一职业中学、重庆西京医院等单位的大力支持和帮助，在此表示衷心感谢。陈芳烈老师对本书的编写给予了宝贵的建议和指导，对本书的完善起到很关键的作用，在此深表谢意！本书插图由王瑞龙绘制。

由于作者水平有限，书中难免有不妥或错误之处，敬请批评指正。

作　者

目 录

第 1 章　村民安全用电常识

1. 安全用电为什么要警钟长鸣？
2. 用电安全中的“安全”包括哪两个方面的内容？
3. 村民安全用电的最基本原则是什么？
4. 为什么说农村安全用电形势更严峻？
5. 短路和断路是怎么回事？
6. 什么是高压电？什么是低压电？
7. 什么是安全电压？
8. 什么是导体？什么是绝缘体？
9. 什么是电流？
10. 电流对人体有伤害作用吗？
11. 什么是触电？人为什么会触电？
12. 为什么妇女、儿童、老人更容易触电？
13. 如何识别安全用电标志？
14. 为什么破皮电线不能用？
15. 为什么要远离落地电线？
16. 为什么要安装漏电保护器？
17. 为什么不准用气枪或弹弓打电线上的鸟？
18. 保护电力线应注意哪些问题？
19. 为什么不准在电杆上拴牲口？
20. 为什么要教育小孩不要攀爬变压器？
21. 敷设“四线”应注意些什么？
22. 为什么不准在电线上挂晒衣物？
23. 如何保护接户线和进户线？
24. 为什么夏秋季节农村触电事故比较多？
25. 使用试电笔应注意哪些问题？
26. 发生电气火灾后该怎么办？
27. 家中停电后应注意哪些问题？

1. 安全用电为什么要警钟长鸣?

我们常说“科学技术是一把双刃剑”，电力技术何尝不是如此呢！一方面，电力技术为我们的生产和生活带来方便和效率，例如农户常用洗衣机、电冰箱，电脑、电视、电饭煲，以及打米、磨面等粮食加工，都离不了电。另一方面，如果用电方法不当，又会给人们的生命财产带来威胁甚至灾难。当然，如果有安全用电意识，按安全用电规定操作，是完全可以避免的。下面几个典型的事例，都是由于对电使用不当而引起的，并非电能本身的问题。

2017 年 7 月 27 日上午，陕西咸阳礼泉县赵镇一名男子因为家里的电线被风刮断，自己爬上电线杆去接线发生了意外，触电身亡后，王某的身体又被通信光缆挂住了，现场异常惨烈。

2017 年 7 月 19 日中午，江苏南通如东县洋口镇新林林场一条乡间小路上发生了一幕悲剧。一根垂落的高压线卡在一名男子驾驶的卡车上，这名男子用手去扯这根高压线而不幸触电身亡。

2017 年 8 月 7 日清晨，一男子在安徽合肥肥西县柿树岗乡攀爬高压电线杆掏鸟窝过程中不慎触电后，从十多米的高空坠下当场身亡。

2017 年 8 月 7 日，浙江省温州市瓯海区新桥住宅区某幢 502 室发生了一起触电事故，导致一家三口惨死。事故的直接原因是该单元 302 室事发前修理线路时将地线与相线错接，导致整个单元地线带电，正好 502 室的一名家庭成员在使用电热水器洗澡，经由喷洒管触电，其他两名家庭成员在施救过程中相继触电，最终导致三人均触电身亡。

口 诀　生产生活需要电，电是一把双刃剑。
用电事故咋避免，居安思危防为主。
用电规定多学习，科学使用防触电。
平时不防多危害，出了事故害三代。
老人爱人和小孩，提醒不要乱用电。
不拿生命当儿戏，固守用电的防线。

2. 用电安全中的“安全”包括哪两个方面的内容？

用电安全中的“安全”包括两方面的内容：

(1) 用电人员的人身安全。

(2) 家庭、集体和国家的财产、设备安全。

这两方面内容缺一不可。

安全用电涉及的灾害包括人身触电、火灾、爆炸以及其他灾害。

口诀 安全两字很重要，不能忘记不能丢。
安全用电不放松，人人有责记心中。
用电安全的内容，人身财产和设备。

随手记

3. 村民安全用电的最基本原则是什么？

保障村民安全用电的原则很多，最基本原则有以下 4 个。

（1）不接触低压带电体。在没有任何安全保护措施时，不能直接接触 220 伏低压线路、220 伏或者 380 伏电动机等带电体。

（2）不能靠近室外高压线路、变压器。因为高压线路和变压器的电压很高，一般有 1000 伏以上的电压，电压越高越危险。

（3）不用湿手扳开关，插入或拔出插头。因为潮湿的皮肤比干燥时电阻小，更易触电。

（4）不私拉乱接电线。不懂电工专业知识的人乱接电线易造成人身伤害事故；同时，乱接电线造成接入过多的负荷，线路容易因超负荷而造成火灾。

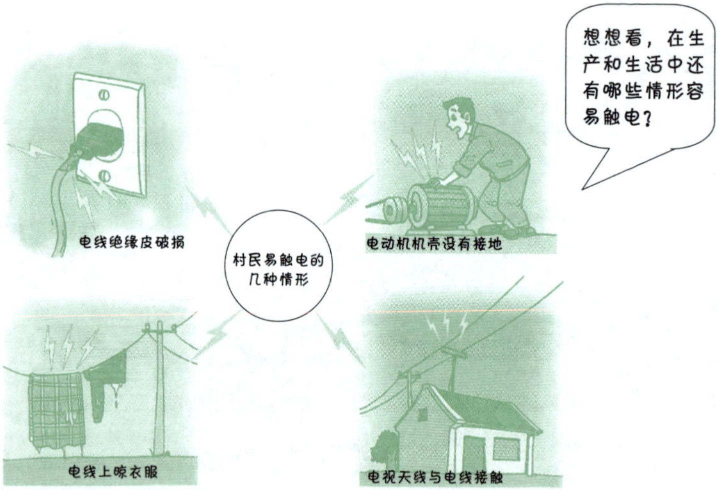

口诀　安全用电有规定，主要原则有四个。
低压带电不接触，高压带电不靠近。
湿手不能扳开关，乱接电线多事故。

4. 为什么说农村安全用电形势更严峻？

农村的安全用电有其自身的特殊性。统计资料分析，我国农村触电事故是城市的 6 倍之多。在农电事故中，80% 左右为触电事故，架空线、接户线、临时用电线路上发生的触电事故达 70% 以上。在构成触电事故的诸多因素中，仅因单个因素引起的触电事故不足 10%，有 90% 以上的触电事故是由两个或两个以上的因素引起的。

农村用电的最大特点就是分散性，这是农村事故发生率高的重要原因之一。首先，农村居民住宅不集中，因而形成了农村电网点多、线长、面广的特点，这样一来就使得农村电网显得十分脆弱。其次，农村用电还具有季节性强的特点，比如夏季是农业生产的大忙季节，因而是农业生产的用电高峰时期，由于这段时期又是自然灾害的频发期，因此夏季农电事故发生率是比较高的。第三，农村用电的随意性也比较大，像田间作业、农田排灌以及修房建屋等临时用电随时可能出现，因此导致事故发生率居高不下。

发生在农村的用电安全事故，主要有触电伤亡事故、电气火灾事故、电气设备损坏事故和雷电事故。造成这些事故，既有用电设施设备安全水平降低的客观原因，更有线路及电力设施遭到破坏、用户违反安全用电规定等人为原因。电力安全与每个人息息相关，只有按照《农村安全用电规程》正确、安全用电，才能安全享用电力技术为我们带来的极大便利。从这个意义上来说，安全用电，人人有责。

口诀　农村用电别大意，稍有疏忽出问题。
用电申请找电工，用电规程记心中。
只要用电不违章，用电安全有保障。

小常识

使用电冰箱须知

电冰箱应放置在干燥通风处，并注意防止阳光直晒或靠近其他热源；要为电冰箱安排单独的电源线路和使用专用插座，不能与其他电器合用同一插座，否则容易造成事故；电冰箱必须采用接地或接零保护，接通电源采用三脚插头；电源线应远离压缩机热源，以免烧坏绝缘造成漏电；避免用水清洗；冰箱内不要存放酒精等挥发性易燃物品，以免电火花引起爆炸事故；电冰箱长期不用应将电源插头拔掉；恢复使用长期停用的电冰箱，在使用前先做检查，经检查电器绝缘合格才能使用。

5. 短路和断路是怎么回事？

短路和断路虽然只有一字之别，但它们所代表的含义是完全不同的。简单来说，短路就是指本不该直接连接的两根电线或电路中的某两个点，却因某种原因而相连或相碰了。电力线路发生短路是一种容易造成严重灾害的电路故障，像相线（俗称火线）与相线之间的短路，相线与中性线（俗称零线）之间的短路，相线与大地之间的短路，都具有相当大的危害性。

电力线路一旦发生短路，往往会导致电路或用电器因电流过大而被烧毁，并容易引发火灾。家庭照明线路发生短路故障时，轻则会烧毁保险丝，重则会烧坏电线，甚至引发严重火灾，其后果不堪设想。在农业生产活动中，用电线路发生的短路故障不仅会影响正常生产活动，而且还可能会造成火灾和人员伤亡。

那么，什么是断路呢？断路就是我们通常所说的“电虚连”，就是本来该接通的线路却被断开了。家庭电路断路故障包括相线（俗称火线）断开和中性线（俗称零线）断开两种情况。断路点一般出现在电线接头、易折处、易磨损处、易腐蚀处等地方。用电线路一旦发生断路现象，相关的家用电器（如灯泡、电视机、抽水机等）就不能正常工作了。对于需要连续供电的场合，断路造成的供电中断具有更大的危害性。

我们在谈到“安全用电”的时候，常说“责任重于泰山，隐患险于猛虎”。因此，为了防止短路和断路故障的发生，平时应做好隐患排查工作。比如，要经常观察家庭线路，定期请电工检查维护线路，以及时发现和排除事故隐患，这是确保家庭安全用电的重要措施之一。对于采用明线的线路，可用试电笔逐段检查；对于采用暗线的线路，其故障点比较隐蔽，查找及更换电线都比较麻烦。因此，为避免家庭电路断线，安装线路时应尽量减少电线接头。

口诀　家中线路勤检查，以免电路发脾气。
电路短路最危急，引发火灾大问题。
虚连故障较隐蔽，维护检修多留意。

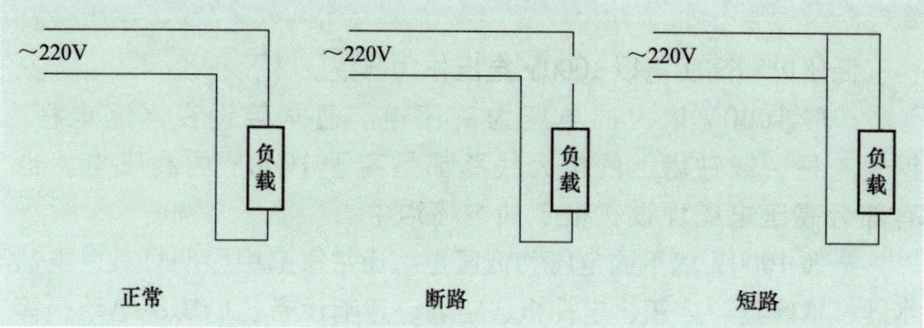

小常识

表 1-1　导线的选择

铜芯截面积	适用功率	说　明
1.5 平方毫米	<5 千瓦	截面积为 1.5 平方毫米的电线，可以安全地给功率为 5 千瓦以下的电器供电
2.5 平方毫米	6~7 千瓦	截面积为 2.5 平方毫米的电线，可以接 6~7 千瓦的电器

家庭照明线路可用 1.5 平方毫米及以上规格的电线，空调、微波炉等功率较大的家用电器宜采用 2.5 平方毫米及以上规格的电线。

6. 什么是高压电？什么是低压电？

低压电和高压电以1000V电压作为界线。

一般1000V以上的电压为高压电。通常架设在水泥电杆、钢管电杆，或铁塔上的电力线路都是高于1000V的高压电。也有部分高压电缆埋设在地下的电缆沟中。

一般1000V以下的电压为低压电。通常家庭中照明灯具、电热水器、取暖器、冰箱、电视机、空调、音响设备、小功率电动机等用电器使用的是220V低压电，又称为单相电；大功率电动机、打谷机、卷扬机等使用的一般是380V低压电，又称为动力电。

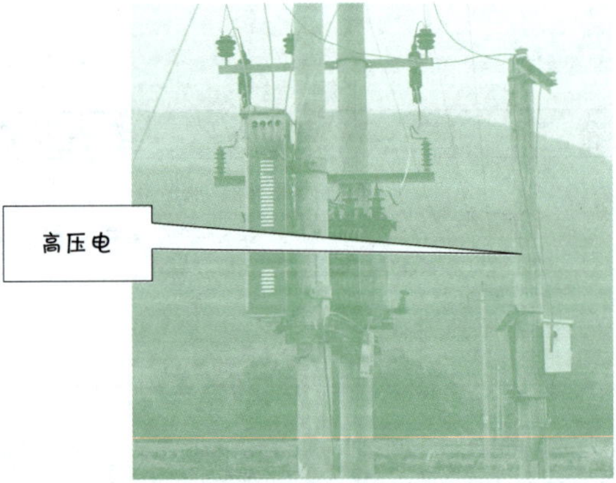

口诀 低压电和高压电，千伏电压为界线。
千伏以上为高压，千伏以下为低压。
输电常用高压电，家庭使用低压电。

随手记

7. 什么是安全电压?

安全电压是指人体接触电路而不致发生触电危险的电压。安全电压范围内，无论直接电击，还是间接电击，对人身都不会造成伤害。各国对于安全电压的规定是不尽相同的，最高的为 65 伏，最低的只有 2.5 伏，以 50 伏和 25 伏为安全电压者居多。国际电工委员会规定安全电压限定值为 50 伏，25 伏以下电压可不考虑防止电击的安全措施。

我国的国家标准 GB/T 3805—2008《特低压（ELV）限值》规定：安全电压是防止触电事故而采用的特定电源供电的电压系列。我国规定的安全电压等级有 42、36、24、12、6 伏（工频有效值）五个等级，见表 1-2。在一些具有触电危险的场所使用移动式或手持式电气设备时，为预防触电事故应采用安全电压供电。

表 1-2　　安全电压的使用场合

电压等级	使用场合	说明
42 伏	在有触电危险的场所使用的手持式电动工具等	采用 24 伏以上安全电压时，必须考虑防止电击的安全措施
36 伏	在矿井、多导电粉尘等场所使用	
24 伏、12 伏、6 伏	供某些人体可能偶然触及的带电体的设备选用	在大型锅炉内、金属容器内工作，应使用 12 伏或 6 伏电压

需要指出的是，不要认为安全电压就是绝对安全的。如果人体在汗湿、皮肤破裂等情况下长时间接触电源，即便是在安全电压下也有可能发生电击伤害。

口　诀　防止触电保安全，安全电压作电源。
五个等级可选择，使用还得讲安全。

小常识

在卫生间使用洗衣机预防触电

一些家庭将洗衣机放置在卫生间里使用，由于卫生间潮湿，有些卫生间中还有淋浴装置，因此，要特别注意预防触电。

在卫生间里使用洗衣机，接地保护极为重要。卫生间电源插座的位置应设在较高处，并要使用防水插座。当洗衣机的电源线不够长时，可自己做一个活动插座，活动插座一定要用三芯电线作插座连线，否则洗衣机将失去接地保护，易发生触电。最好购置一个万能插座做活动插座。

洗衣机用毕后，应将洗衣机的电源插头拔下，用活动插座的也应一同拔下。在卫生间里，不允许在使用淋浴器的同时使用洗衣机，一旦洗衣机漏电容易导致人身触电。卫生间里有淋浴器的应给洗衣机做一个防水罩，以免洗衣机长期受潮而导致触电事故发生。

8. 什么是导体？什么是绝缘体？

能够传导电的物体被称为电的导体。例如铜、铝、铁、金、银等金属都是导体；普通的水、潮湿的土地和潮湿木材也是导体；人的身体含有大量液体，人体的每个细胞都充满水，所以人体也是导体。

不能传导电的物体称为电的绝缘体。例如玻璃、橡胶、塑料、陶瓷等都是绝缘体。人们利用导体传送电，利用绝缘体来控制电，不让电乱跑，避免发生触电事故。

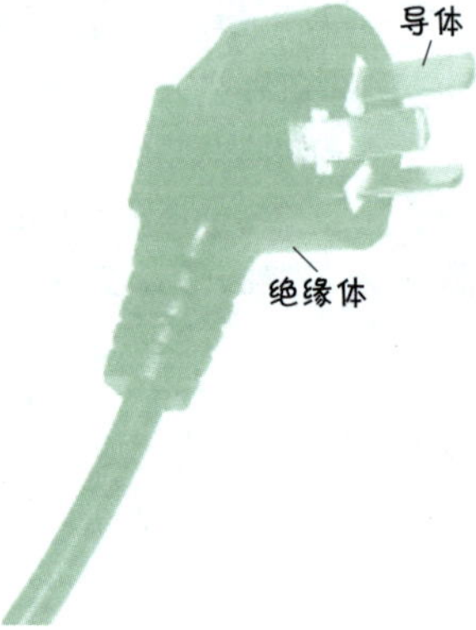

- 并不是能导电的物体叫导体，不能导电的物体叫绝缘体，这是一般人常犯的错误。
- 导体和绝缘体没有绝对界线，当条件改变时，绝缘体也可能变成导体。例如，干燥的木头是绝缘体，但潮湿的木头就变成了导体。
- 不同材料的导体，其导电性能不一样。家庭中的电线应采用导电性能较好的铜芯线，一般不要采用导电性能较差的铝芯线。
- 人体是导体，这就是我们不能随便触摸带电体的根本原因。

口诀　能够传电是导体，不能传电绝缘体。
人的身体是导体，不能触摸带电体。
条件发生改变时，绝缘体会变导体。

9. 什么是电流?

流动的水叫水流。同样，电在导体中连续不断地从一点移动到另外一点形成电流。地势差是形成水流的原因，电压差是形成电流的原因。流动水流看得见摸得着，而电流看不见又摸不得。

电流可分为直流和交流两种。例如，蓄电池中的电流就是直流电流；家庭照明电路中的电流是交流电流。

水在流动中有大小之分，电在流动中也有强弱之别。电流的计量单位是安培（简称安，用A表示），在有些电路中流过的电流很小，通常用毫安（mA）或者微安（μA）来做计量。

1安=1000毫安，1毫安=1000微安

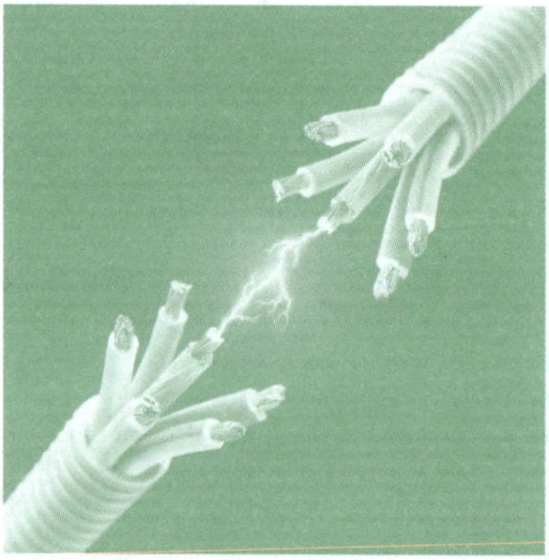

口诀　水流动，成水流；电流动，成电流。

水流可见也能摸，电流不见摸不得。

电流分为交直流，计量单位是安培。

随手记

10. 电流对人体有伤害作用吗？

据统计，我国每年因触电而死亡的人数，约占全国各类事故总死亡人数的10%，仅次于交通事故。

当通过人体的电流很小时，人通常没有感觉；当通过人体的电流达到1毫安时，人体就会有“麻电”的感觉；当通过人体的电流达到5毫安时就会有相当痛的感觉；当通过人体的电流达到8～10毫安时，人体就很难摆脱电压的作用而发生触电事故；当该电流达到100毫安时，在很短时间内就会使人窒息、心跳停止。

这说明电流对人体是有伤害作用的，达到一定强度还会使人触电死亡。这是因为电流通过人体之后，人的内部器官组织就会受到伤害。达到一定程度后，将使触电者的心脏、呼吸机能和神经系统受伤，直到呼吸停止，心脏停止活动。电流通过人体的途径不同，伤害程度也不一样。当电流通过心脏时，伤害最为严重，死亡的危险性也最大。电流对人体的伤害程度见表1-3。

表1-3　电流对人体伤害程度

电流（毫安）	人的感觉程度
1	有“麻电”的感觉
5	有相当痛的感觉
8～10	感到痛苦得受不了
20	肌肉剧烈收缩，失去动作自由
50	有生命危险
100	死亡

口诀　电流通过人身体，大小不同感觉异。
感知麻电一毫安，达到五毫相当痛。
再加五毫难摆脱，若到一百命难活。
不同路径有区别，最怕电流过心脏。

小常识

使用电风扇注意事项

在使用电风扇前应阅读说明书，详细了解电风扇的结构、性能、使用方法和保养。

台式、落地式电风扇必须使用有安全接地线的三芯插头与插座，以防止触电事故。吊扇应安装在顶棚较高处，可以不装接地线。

电风扇的风叶是重要部件，在安装、拆卸、擦洗或使用时，必须加强保护，以防变形。

操作各功能开关、按键、旋钮时，动作不能过猛、过快，也不能同时按两个按键。吊扇调速旋钮应缓慢顺序旋转，不应旋在挡间位置，否则容易使吊扇发热、烧坏。机头摇摆时切勿用手推网罩。

电风扇上有了油污和积灰，应及时清除。忌用汽油或强碱液擦拭，以免损伤表面油漆、镀层和塑料件的性能。

电风扇发生烫手，出现焦味、摇头不灵、转速变慢等故障时，不要继续使用，应及时切断电源检修。

11. 什么是触电？人为什么会触电？

触电就是指人体接近或接触到带电体，在人体与带电体之间产生闪击或持续性放电电流，造成人体的各种伤害，甚至危及生命。

白炽灯通电后会发光，是因为白炽灯内的灯丝有一定阻值的导体。当电流经过这个导体时，受到阻力的作用而发热、发光。人体也是有一定电阻的导体。所以当人体接触到较高电压、较大电流后，电流在经过人体时产生的热足以烧毁细胞，使组织发生坏死。如果电流经过心脏，还会导致心跳停止。

触电的本质就是电流通过人体。当发生触电事故时，人体就成为电路中的一部分，这时候就会有较大的电流通过人体，必然会对人体造成不同程度的伤害，严重的触电可以致人伤残，甚至死亡。

口诀 灯泡通电会发光，人体本是导电体；
接近接触带电体，电流伤人称触电。

宣传栏

防止触电“十戒”

一戒　直接将电源线头插入插座
二戒　拉扯软线拔连接插头
三戒　用湿手摸电器外壳
四戒　直接去拉触电者
五戒　带负荷断电

六戒　使用未检验的绝缘工具
七戒　易燃易爆场所电气不防爆
八戒　金属容器内或潮湿场所不使用12伏安全电压
九戒　超负荷用电
十戒　走近断落在地上的电线

随手记

12. 为什么妇女、儿童、老人更容易触电?

触电者的性别、年龄、健康状况、精神状态和人体电阻等都会对触电后果产生影响。患有心脏病、中枢神经系统疾病、肺病的人被电击后的危险性更大；精神状态不佳、醉酒的人触电的危险性更大；妇女、儿童、老人触电的后果比青壮年要严重。

一般来说，妇女、儿童的皮肤比较细嫩，表皮角质外层比较薄，人体电阻较小。人体电阻越小，通过的电流越大，伤害就越严重。老人常常身体比较虚弱，由于自身抵抗力较差，故比年轻人更容易受电击伤害。

实验表明：一般男性对电流的抵抗能力普遍较女性高。对摆脱电流的能力，工频电流男性约为 16 毫安，女性约为 10.5 毫安（平均值）；直流电流男性约为 76 毫安，女性约为 51 毫安（平均值）。所以，若妇女、儿童和老人接触带电体，触电危险性更大，要尤其注意用电安全。

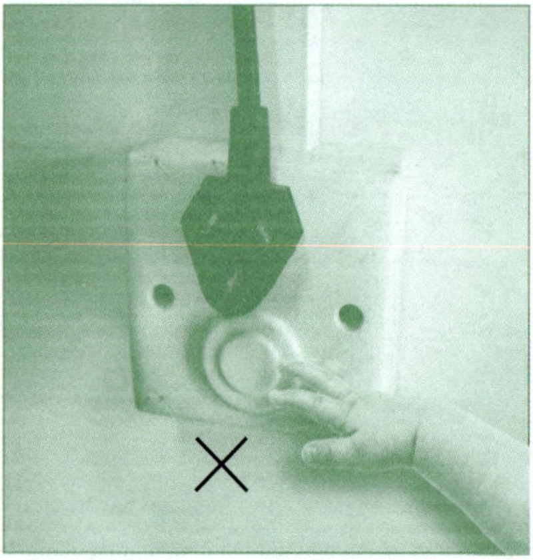

口诀　触电因素有多种，人体电阻差异大。
性别年龄和状态，健康不良也可怕。
妇女儿童和老人，触电危险会更大。

名词解释

摆脱电流

摆脱电流是指人体触电后能自主摆脱电源的最大电流。对于不同的人，摆脱电流值也不相同。摆脱电流值与个体生理特征、电极形状、电极尺寸等因素有关。

摆脱电流是人体可以忍受而一般不致造成不良后果的电流。电流超过摆脱电流以后，触电者会感到异常痛苦、恐慌和难以忍受；如时间过长，则可能造成昏迷、窒息，甚至死亡。当触电电流略大于摆脱电流，触电者中枢神经麻痹及呼吸停止时，立即切断电源，即可恢复呼吸并无不良影响。

摆脱电源的能力是随着触电时间的延长而减弱的。这就是说，一旦触电者不能摆脱电源时，后果将是十分严重的。

13. 如何识别安全用电标志?

明确统一的标志是保证用电安全的一项重要措施。安全用电标志分为图形标志和颜色标志。

图形标志一般用来告诫人们不要去接近有危险的场所，主要有以下几种图形标志。

（1）禁止标志。背景为白色，红色圆边，中间为一红色斜杠，图像用黑色。一般常用的有“禁止烟火”“禁止启动”等。

（2）警告类标志。背景为黄色，边和图案都用黑色。一般常用的有“当心触电”“注意安全”等。这类标志是提醒大家不要去踩踏、触摸、攀爬，并保持适当的距离。

（3）提示类标志。背景为绿色，图案及文字用白色。一般常用的有“禁止攀登，高压危险”“配电重地，闲人莫入”。

安全用电图形标志主要以表 1-4 所示的标志牌形式出现，标志牌通常设置在与安全有关的明显地方。

表 1-4　　安全用电标志举例

颜色标志常用来表示某处安全程度。常用的灯光颜色标志有红灯、黄灯和绿灯。

红灯表示“危险”或“用电器正在工作”，如电热器的红灯表示工作，警戒器的红灯表示危险，电器设备重地门前的红灯表示“闲人禁地”。

黄灯表示危险与正常的临界区标志，如电热器的“恒温”，警戒器的预警等。

绿灯表示正常工作或安全用电。

口诀　村民用电要注意，安全标志要牢记。
安全标志有三类，颜色图形和灯光。
禁止信息用红色，危险信息用黄色，
蓝色表示守规定，安全无事用绿色。
宣传标语常学习，违规用电要禁止。

14. 为什么破皮电线不能用?

破皮电线通常会使线芯外露，人体一旦接触带电的线芯就会发生直接触电。所谓直接触电，就是指人体直接接触及带电物体所引起的触电。例如，当人站在地面上身体某部位触及绝缘层已损坏的电线、电源或是其他带电导体，都会发生直接触电。

直接触电是最常见的一种触电伤害，也是伤害程度最为严重的一种触电形式。在农村触电事故中，发生直接触电的事故比较多。例如，一只手碰到了破皮的电源线，触电电流流经手、双脚到地而导致触电；又如修电灯时两只手（或身体两个部位）分别接触到破皮的相线和零线而导致触电。

所以破皮电线不能用！平时应当经常检查用电设备和电线，发现电线绝缘层老化或破损，应及时请电工更换，以尽早排除安全隐患。

口 诀　电线破皮芯外露，人体接触会触电。
破皮电线不能用，及时更换排隐患。

小常识

使用电饭锅注意事项

（1）在使用新购置的电饭锅前，应详细阅读使用说明书，熟记操作方法。

（2）在使用电饭锅前，必须清除内锅底与电热板之间的污物及杂物，使电热板与内锅底紧贴，起到良好的热传导作用。另外，应避免内锅碰撞，尤其是内锅底部应防止硬器刮碰，以免变形损坏，影响使用寿命。

（3）洗涤内锅后，要擦拭干净再放入电饭锅内，以免酸、碱、水分浸入锅内。

（4）电饭锅的内表面均刻有放米量和放水量的标志。使用时应注意观察，不宜过量。

（5）不能用水泡洗电饭锅外表面与电热板，只能在切断电源后，用湿布蘸洗涤剂擦拭去除油污，再用清水擦净晾干。

（6）电饭锅只有在煮米饭时才能自动跳闸，煮其他食物时不能起作用，所以炖煮好其他食物后应及时将电源切断。

（7）为确保使用安全，待放入内锅后方可插上电源插头；取内锅时，应先拔去电源插头，切不可带电拆刷电饭锅的电热板，以免触电及烫伤。

（8）较长时间不用的电饭锅，应将内外都擦洗干净放在干燥通风处。

15. 为什么要远离落地电线?

当带电电线掉在地上时，就会形成一个以落地电线的端头为中心的同心圆电场。在这个电场当中，导线落地点电压最高，逐渐向外延伸，越来越低。从电线落地点向外的各点间存在着电压差，人一旦进入到这个同心圆电场之内，两脚之间的电压差就被称为“跨步电压”。

跨步电压形成的触电电流会对人体造成伤害，并且步子越大，电压差越大，流过人体的电流就越大，危险性也就越大。如果不慎摔倒在地上，所形成的电压差就更大，流经手掌、脚尖的触电电流也更大，因此，人体受到的伤害将会更严重。

与此类似，发生接地故障的电气设备周围或打雷时避雷针的接地点，凡是电流流入地下的接地点，都会在接地点周围产生跨步电压，进入这个区域都可能造成触电事故。跨步电压触电不仅发生在地上，也可能发生在水里。当断线掉进水里时，引起的触电事故要比在地上更严重、更危险。

所以，千万不要靠近断落的电力线，更不能接触断落导线及与断路导线相接触的物品，而应设法保护现场，立即通知供电企业抢修部门，进行紧急抢修。当发现电力线断线落地以后，由于断线的电线一端是带电的，因此为了防止跨步电压触电事故的发生，应赶快把双脚并在一起或用一条腿跳着离开电线断落地点，并迅速离开危险区域。在室内，人与接地点的距离应大于 4 米；在室外，人与接地点的距离应大于 8 米。同时，应立即报告电工前来处理落地电线。

口诀　电线落地有危险，单脚跳出落线点。
尚不清楚有无电，应离八至十米远。
看好现场防路人，报告电工来排险。

小常识

拔电源插头的正确方法

在拔电源插头的时候，不要扯着连接插头的电线生拉硬拽。应该用手捏紧插头，沿着与插座垂直的方向拔出插头；不要斜着往外拔，以免拉坏电线里的铜丝或把插头的铜片弄断，发生危险。

16. 为什么要安装漏电保护器?

在我国广大的农村地区，由于用电器具使用不当以及安全技术措施不到位，以人身触电和火灾事故为主要特征的用电安全问题时有发生，给生命财产带来巨大损失。为了预防各类用电事故的发生，保障人身和设备安全，正确使用漏电保护器可以达到较好的效果。

漏电保护器又称漏电保护开关，是一种有效的电气安全技术装置。其主要用途有：

- 防止由于电气设备和电气线路漏电引起的触电事故。
- 防止用电过程中的单相触电事故。
- 在电气设备运行中发生单相接地故障时，及时切断电源，防止因漏电引起的电气火灾事故。

在一些特殊场合，漏电保护器的作用则更加突出。例如，在特别潮湿的地方（如厨房、卫生间等），因人体表皮电阻降低，触电死亡的危险大大增加，安装漏电保护器后便能有效地减少触电伤亡事故。

当家用电器绝缘损坏时，其外露的金属附件（如电视机的天线插孔、电冰箱的金属外壳等）可能带危险电压，这种危险电压是不能用接地的方法来消除的，只有靠安装漏电保护器才能保证在人身触电的瞬间迅速切断电路，保证人身安全。由于漏电保护器为预防各类用电事故的发生提供了可靠而有效的技术手段，因此被老百姓称为“保安器”“保命器”“安全卫士”。

口 诀 安全卫士请到家，即便漏电也不怕。
每月检查试验钮，跳闸正常无牵挂。
频繁跳闸查原因，强行送电危险大。

小常识

开关跳闸了怎么办

突然之间卧室没电了，可客厅的灯还亮着呢。不用惊慌，这种情况一般都是跳闸了。每个家庭都会有一个配电箱，可以请电工帮标识一下哪个开关管哪条线路。也可以自己试试，把家里的电器暂时都关掉，再把配电箱里的分开关都关掉。准备一个小台灯，开启一个开关，试试哪条线路有电，然后再在配电箱里的这个开关上贴上一个小标签，注明是哪条线，比如是厨房还是客厅的。跳闸的时候，看看是哪条线路跳了，检查一下是不是由于同时开启了大功率的电器。如果是，先停掉一个，让总电流控制在开关处所标识的最大电流范围之内，然后重新开启开关。开启开关的时候不要过快，要先把开关抬到水平位置，再扳上去。

17. 为什么不准用气枪或弹弓打电线上的鸟?

在架空电线上，栖息其上的鸟（雀）群构成了农村夏季的一道风景。你看，那又大又肥的斑鸠呀，鹌鹑呀，多么令人嘴馋啊！可是，你千万别忘了——“落线小鸟不要打，危害电力欠文明。”

DL 493—2001《农村安全用电规程》明确规定：不许用石块、弹弓、猎枪、气枪等击打栖息在电线和绝缘子上的鸟（雀），因为这种行为容易打破、打断电线或打坏绝缘子。一旦电线被打断，就有可能导致人身触电和大面积停电，其后果是非常严重的。即使侥幸没有伤到自己，仅仅导致停电，也会给自己的正常用电带来不便。而且按照有关规定，这种行为属于故意破坏电力设施的行为，当事人对由此造成的严重后果是要承担民事责任和刑事责任的。

• 不要击打栖息在电线上的小鸟

口诀 落线小鸟不要打，危害电力欠文明。
设施损坏事故发，承担责任又犯法。

小常识

使用电热水器注意事项

在使用电热水器之前，一定要仔细阅读使用说明书，在确定已掌握使用方法后再使用。使用电热水器的注意事项如下：

（1）使用电热水器时，当打开水阀而没有出水时，要立即断开电源，防止因故障使电热水器在无流动水的情况下工作而损坏。

（2）使用电热水器要避免因进水口太小导致出水口温度过高而损坏电热水器。

（3）在使用贮水式电热水器时，一定要先注满冷水后再通电加热。当打开热水阀有水流出时，表示贮水合适，可以通电。

（4）不要在进水口和出水口同时安装阀门。

（5）在有冰冻期的地区使用电热水器，为防止结冰应保证热水器中的水具有一定温度，不会结冰，否则会损坏电热水器。

（6）使用贮水式电热水器要求自来水处于常开状态，保证水箱经常有水。自来水阀门最好不使用带手轮的阀门，可使用扳手式阀门，防止有人误关水阀，导致水箱缺水而烧毁电热丝。

（7）如果水压或电压过低，应暂停使用。

（8）电热水器一般均使用交流电源，不能使用其他电源；且必须有可靠的接地线，地线和零线应严格分开，选择单相三孔插座，不要将插座中零线和地线接在一起；若家中无良好的接地，淋浴时一定要切断电源。

（9）如果在正常使用时，漏电保护插头的复位按钮自动弹起，说明热水器有漏电现象，应及时与热水器厂家联系维修，禁止自己维修。

18. 保护电力线应注意哪些问题?

可能有些人会说，保护电力线路和设施是供电部门的责任，与我们用电户没什么关系！《电力设施保护条例》中明确规定："电力设施的保护，实行电力主管部门、公安部门和人民群众相结合的原则。"可见，每一个村民都有保护电力设施的义务。

保护电力线路不受侵扰、侵占和破坏，对于保障农村安全用电具有非常重要的意义。为此，村民朋友应注意以下几个问题：

- 在电力线附近立井架、修理房屋和砍伐树木时，必须经电力部门同意，采取相应的防范措施。
- 不得在线路下种植高秆作物和高大乔木，已经种植的每年都要适时修剪树枝。
- 不得在地埋线路上沤肥、烧柴草、烧荒等。
- 不得在架空线路电线两侧 300 米的区域内放风筝。
- 不得在杆塔、拉线上拴牲畜，或悬挂物体，攀附农作物。
- 不得利用杆塔、拉线做起重牵引地锚。
- 不得在杆塔、拉线基础的规定范围内取土、打桩、钻井、开挖，或倾倒酸、碱、盐及其他有害化学物质。不得在电杆附近挖鱼塘。
- 不得往电力线、变压器上扔东西。不得攀爬电杆、变压器台和电力铁塔。
- 架设电视天线时应远离电力线路。
- 发现电力线与其他广播线、电话线等搭接时，要立即找电工处理。

口诀　电力设施要保护，每个村民有义务。
农事活动多注意，日常生活多看护。

19. 为什么不准在电杆上拴牲口？

村民张老伯一大早就起床了，和往常一样牵着牛去后山放牧了。走到半道上，突然想起手机落在家中了。为了图省事，他就把牛顺手拴在了路旁的电杆上。可等张老伯赶回来牵牛的时候，眼前的情景着实把他吓呆了。只见他的牛发疯似的，一直围着电杆打转转，还一个劲儿地猛扯缰绳。眼看着自己的牛被缰绳越勒越紧，拴牛的电杆也开始松动，一旁的拉线也被扯得严重变形了……张老伯真是又急又怕！

幸亏电力抢修人员及时赶到现场，并对松动的电杆和变形的拉线进行了有效的加固和矫正，才成功排除了险情。这个案例警醒我们，千万不要把牲口（尤其是牛、骡等大牲口）拴系或圈养在电力设施周边。因为牛、骡等大牲口一旦受到惊吓，就很容易对电力设施产生严重破坏，并有可能引发严重的安全事故。

同时，村民在拆迁或施工的过程中还应注意，在有架空线路或电缆的区域，施工方一定要提前与电力部门加强沟通，避免强力撞

震电杆引发事故。如果因野蛮施工等外力破坏导致供电线路受损，将会追究当事人相应的责任。

口诀　牲口拴在电杆上，牲口一动线弛张。
牲口受惊杆倒地，落地电线把人伤。

小常识

插头要插好

在插插头时，一定要插好，不能有松动。因为松动的插头插座容易因接触不良而发热，如果周围的环境散热不好，又存在易燃品的话，就容易导致火灾。而且，插头没插好，如果被人不小心碰到，还容易造成触电事故。

20. 为什么要教育小孩不要攀爬变压器？

变压器是一种非常重要的电力设施，在每个变压器上都悬挂有红色警示牌，上面醒目地写着“禁止攀爬，高压危险！”你可别认为这只是一个劝诫语，要知道变压器是万万碰不得的。因为变压器高压侧的电压高达10千伏，低压侧的低压也有380伏。农村用变压器一般采用台式安装或台架杆上安装，变压器离地面有2.5米高。有些孩子出于好奇，可能会攀爬变压器。因此，家长一定要教育自己的孩子，千万不要攀爬变压器。

因小孩子攀爬变压器而发生触电致残废或身亡的事故时有发生，应当引起家长和老师的高度重视。家长和老师一定要经常教育和提醒小孩要注意用电安全，不得在配电房、变压器周围逗留，更不能攀爬变压器；不得把其他物体抛向变压器及配电房上；不得在变压器及电力线路附近放风筝。看到其他小伙伴攀爬变压器时，一定要及时劝阻，如果不听劝告，应尽快告诉大人加以制止，以免酿成严重后果。

口诀 安全用电记心间，变压器台不能攀。
教育儿童懂安全，攀登变台有危险。

小常识

防止儿童玩插座触电的方法

家用的电源插座一般距离地面都不太高，儿童轻而易举就能触摸到。虽然父母都会考虑将这些电源插座隐藏在比较隐蔽的角落，但是，天生喜欢往边边角角探索的儿童偏偏对那些小孔小洞有浓厚的兴趣。因此，他们很热衷于用小手去抠这些小洞，很容易造成触电的危险。

解决的办法是：在电源插座上安上安全电源插座护盖，或者在电源插座不用时插入安全隔离插销。万一没有及时安上这些小东西，可以用一些比较重（儿童搬不动）的东西贴着插座遮挡，从而起到防护的作用。

● 安全插座护盖

21. 敷设“四线”应注意些什么?

为了保障电力线、广播线、电视线、电话线（简称“四线”）畅通，保证自身用电安全。“四线”一定要分开敷设，不准同杆架设；“四线”进户时，要明显分开。广播线、电话线在电力线下面穿过时，与电力线的垂直距离不应小于1.25米。

电力线与广播线、电视线、电话线搭连时，有可能使上述线路及设备“带电”，因而存在触电危险。如广播线与电力线相碰时，广播喇叭将发出怪声，甚至冒烟起火。因此发现电线与其他线搭连时，要立即找供电企业专业人员进行及时处理。

在架设电视天线时，也应当注意要远离上空的电力线路。天线杆与高低压电力线路的最小距离应大于杆高的3.5米以上，天线拉线与上述电力线的净空距离也应大于3.5米以上。否则，遇到刮风下雨等恶劣天气时，电视天线与电力线就容易相碰，因而存在触电危险。电视天线的馈线走向不得与电话线平行或靠近，以免产生电磁干扰。架设室外电视天线不能超过避雷针的高度，

以免遭受雷击而发生意外事故。

口诀　通信广播电力线，同杆架设易窜电。
天线远离电力线，距离至少三米半。
天线高出避雷针，容易招惹雷电击。

小常识

安全用电量简易计算法

每个插座的背面都会标有它的用电承受范围。电压通常为 220～250 伏，家庭用电电压通常都在这个范围。还有一个标注是多少安培（A），比如 10 安或 15 安。所以，在使用插座的时候一定要先简单计算一下，不要超过插座的最大电流承受范围。

简单的计算方法是电器的功率（瓦）除以电压（伏），得出的就是电流（安）。比如一个电饭锅的功率是 880 瓦，电压 220 伏，它需要的电流就是 880÷220＝4（安）。总电流数就是每个电器所用电流数的总和。注意，总电流数不能超过插座的最大电流。

22. 为什么不准在电线上挂晒衣物？

我们应当有这样一个常识，那就是“通电电线有危险，注意不能挂衣物”。为什么这样说呢？主要有两个方面的原因：

- 电力线的承重能力是有限度的，当挂晒衣物的重量超过了电力线的最大承重能力时，电力线就会被拉断而落到地面，因此有可能导致触电事故的发生。
- 电力线的绝缘层经过挂、晒衣物的反复摩擦，也容易发生损坏。电力线的绝缘层一旦被损坏，外露的线芯就会成为一个危险源，人体不慎接触后就会发生触电事故。

为了确保用电安全，千万不能在电力线上挂晒衣物，同时注意晒衣线（绳）与电力线不要绕在一起，要保持1.25米以上的水平距离。

口诀　电线晒衣图方便，一旦触电酿祸端。
晒衣远离电力线，以免不慎会触电。
晒衣铁丝和电线，两者距离要够远。

随手记

23. 如何保护接户线和进户线?

从低压电力线路接户杆到用户电能表的一段线路叫接户线；从电能表出线端至用户配电装置的一段线路叫作进户线。那么应当如何保护接户线和进户线呢?

按照产权所属关系，从维护的角度来说，接户线的故障是由供电企业负责维修的；进户线（含电能表）的使用权和所有权属于用户，其故障由用户自己负责请电工维修，家庭用电安全主要由用户自己负责。

农网改造后，进户线路有的架空，有的是顺墙而行。进户线穿墙时，应套装硬质绝缘管，电线在室外应做到滴水弯，空墙绝缘管应内高外低，露出墙部分的两端不应小于 10 厘米；滴水弯最低点距地面小于 2 米时，进户线应加装绝缘护套。沿墙和房檐敷设的进户线要与通信线、电视线分开敷设，交叉或接近时其距离不小于 0.3 米。

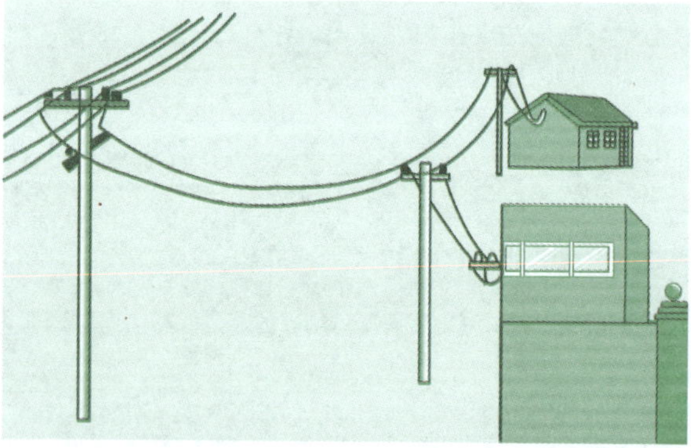

为了保证家庭“小电网”的用电安全，要在思想上引起高度重视。在接户线与进户线及其附件的下面，不得堆放柴草、垃圾等易

燃物；不得种植竹子、树木等高秆植物，并要注意，进户线、通信线、广播线、电话线必须分开进户。

口诀　杆线到表叫接户，表线入户称进户。
产权分界在电表，一户一表有规定。
保护家庭小电网，不堆柴草不种树。

小常识

家用电器不用时电能表走字怎么办

- 家用电器处于待机工作状态时，尤其是带有遥控器的电器，通过遥控器关闭电器后仍要消耗一定的电能，此时应将此电器电源切断再观察。
- 室内线路老化会导致泄漏电流增大，这也是要消耗电能的，此时要检查室内的线路是否老化、漏电。
- 电能表有时候会发生潜动，这种情况应请电工将表拆下来，再送电力计量检测部门检修。

24. 为什么夏秋季节农村触电事故比较多?

据统计资料分析，每年的6～9月是触电事故的高发季节。一方面，夏秋两季雷电暴雨频繁，由于多雨潮湿而使电气设备绝缘性能下降，使得触电风险加大。另一方面，由于天气炎热，人体多汗导致皮肤电阻下降；此外，夏秋两季正值农忙季节，农村用电量增加，人们接触和操作电气设备的机会明显增多，同时夏季人们常常赤脚露臂，失去了人体衣物的绝缘屏护作用，使得触电危险程度增加。

在农村架空线、接户线、临时用电线路上发生的触电事故高达70%以上，而且在构成触电事故的诸多因素中，仅有一个因素引起的触电事故不足10%，有90%以上的触电事故是由两个或两个以上的因素引起的。例如，因雷击、大风、泥石流、滑坡等不可抗力造成架空线接地、断线等故障，有人用手去捡拾断落的带电导线；临时用电时设备安装不规范，用电户在特别潮湿环境中使用手持式电动工具不加装末端漏电保护器，而发生设备漏电触电事故等。

无论是哪些因素引起的触电事故，归根到底是由于主观上的麻痹大意，以及没有按照操作规程进行用电作业。因此，降低夏秋两季的触电事故发生率，应当从提高安全用电意识做起，严格按照安全用电操作规程进行作业。

口诀 赤脚露臂用电器，注意安全别大意。
夏秋临时用电多，危险加大忌麻痹。

随手记

25. 使用试电笔应注意哪些问题？

试电笔是家庭必备的用来检验电线、家用电器的金属外壳是否带电的一种电工工具。普通低压试电笔的电压测量范围为 60～500 伏。低于 60 伏时，电笔的氖管不会发光显示；对于高于 500 伏的电压，严禁用普通低压试电笔去测量，以免发生触电事故。

使用试电笔时，人手接触试电笔的部位一定要在试电笔的金属端盖，而绝对不能接触试电笔前端的金属部分，否则会发生触电事故。在使用试电笔时应当注意以下几个问题：

- 使用试电笔之前，首先要检查试电笔内有无安全电阻，然后检查试电笔是否损坏，有无受潮或进水现象，以防试电笔损坏漏电伤人，检查合格后方可使用。
- 在使用试电笔测量电气设备是否带电之前，应先将试电笔在有电源的部位检查一下氖管是否能正常发光，能正常发光的方可使用。
- 在明亮的光线或阳光下测试带电体时，应当注意避光，以防光线太强不易观察到氖管是否发亮而造成误判。
- 大多数试电笔前面的金属探头都制成小螺丝刀形状，在用它拧螺钉时用力要轻，扭矩不可过大，以防损坏。

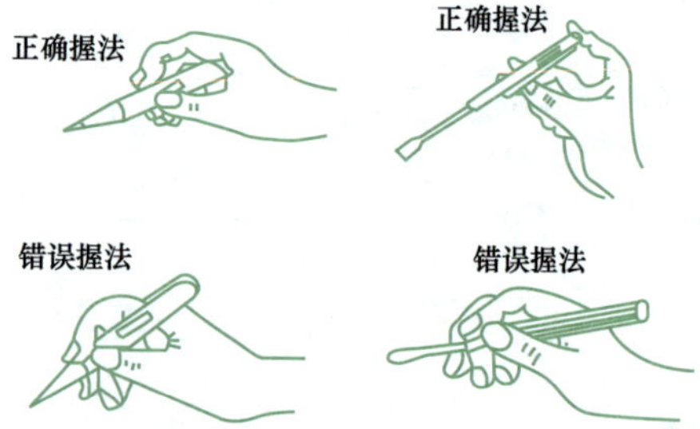

笔式握法　　螺丝刀式握法

• 在使用完毕后要注意保持试电笔清洁，并放置在干燥的地方，严防摔碰。

口诀 家庭必备试电笔，安全使用有讲究。
用前应当先检查，合格之后方可用。
前端金属碰不得，否则就会出事故。

26. 发生电气火灾后该怎么办?

俗话说：水火无情！在引发火灾的原因当中，电气火灾占有很高的比重，因此电气火灾已成为威胁人类生命财产安全的第一大火灾“杀手”。我们应当力争不发生电气火灾，一旦发生了电气火灾，也一定要采用科学的应对措施及时进行处理。那么，一旦发生电气火灾后该怎么办呢?

● 要立即切断火场电源。万一发生了火灾，不管是否是电气方面引起的，首先要想办法迅速安全切断火灾范围内的电源。如果知道控制电源开关的位置，用拉闸的方法切断电源是最安全的。如果一时找不到电源开关的位置，可以用电工钳或干燥的木柄斧子切断电源（这里说的是低压电源，绝不是高压电源）。应将电源的火线、零线分别在不同位置切断，否则会引起电源短路，引发更大的灾难。切断电源线的位置应在电源方向有支持物附近的不同部位分别剪断，防止导线剪断后跌落在地上，造成接地或触电危险。需要注意的是，在电气用具或插头仍在着火时，千万不要用手去碰电器的开关。

● 使用不导电的灭火器。如火势迅猛，又一时找不到电源所在，或因其他原因不可能切断电源时，就只得带电灭火。在这样的

情况下，应用干粉灭火器等专用灭火器灭火，不要用水或泡沫灭火器灭火。

- 如果是电视机或电脑着火，应该用毛毯、棉被等物品扑灭火焰。
- 迅速拨打“119”或“110”电话报警。

口诀　电器冒烟或起火，切忌带电用水泼。
电气火灾来势猛，先断电源再灭火。
灭火困难快报警，“119”或“110”。

小常识

引发电气火灾的主要原因

（1）短路。无论是用电线路还是家用电器发生短路时，短路后的电流就会比正常工作电流大几十倍，甚至达到上千倍，并产生大量的热能，使得物体温度急剧上升，引起燃烧而导致电气火灾。

（2）严重过载。有些家庭因不了解用电常识，在使用电器时，常常几个大功率的家用电器共用一个接线板，使这条用电线路严重过载，使得线路释放大量的热而引发电气火灾。还有些家庭因电器使用不当，如把电饭锅、电熨斗、电烤箱等长时间通电使用等，也会引起火灾。

（3）电器散热不良。电灯和电熨斗等都是直接利用电流的热能进行工作的家用电器，在工作时，若使用不当，均有可能引起火灾。

（4）接触不良。当导线与导线、插头与插座、灯泡与灯座出现接触不良现象时，都会导致接触点过热，引发电气火灾。

27. 家中停电后应注意哪些问题？

随着农村电力设施建设的进一步完善，大范围突发停电发生率大幅度降低，但我们还是应当做好应急准备，这样才能在突然停电时不急、不躁、安全、有序。那么，我们该如何应对突然停电呢？

- 发生突然停电时，首先要保持镇静，千万不要慌张，可拨打电力部门电话了解停电原因和范围，从而对停电持续时间做到心中有数。因为电话使用独立的电源，通常不受停电影响。
- 发生突然停电时，假如你正在家中，那么一定要尽可能拔掉处于开启状态的家用电器（冰箱除外）插头。同时至少要打开一盏电灯的开关，这样可以知道何时恢复供电。
- 发生突然停电时，要严防食物变质和饮用水受到污染等卫生问题。停电时一般不要关掉冰箱的电源，因为停电后冰箱内的食物仍可保存至少 12 小时不变质，冰箱越满其内的食物保存得越久。满载的冰箱如果不打开，食物能保存 48 小时。
- 发生突然停电后，应拔掉电源插头以确保安全，并把电线收好以免在黑暗中把人绊倒。

此外，随时注意报纸、电台、电视台等大众媒体的信息报道，及时获得有关突然停电的消息。还应注意在床边放一支小手电筒，在客厅或厨房放一盏应急灯以备突然停电之需，并要经常检查手电筒和应急灯的电池电量是否充足，平时可多准备一些电池备用。如果使用蜡烛，那么应注意让其远离窗帘等易燃物品。蜡烛最好放在烛台上点燃，以免被碰翻酿成火灾。

口诀　突然停电本正常，大人小孩莫慌张。
手电电池准备足，蜡烛照明防火灾。

小常识

不要从楼上向下乱扔杂物

从楼上向下乱扔杂物，一是容易对过路行人造成伤害；二是对楼下的电力线路会造成威胁。比如有较长的金属物或其他导电体扔在电力线路上，就会引起短路而跳闸，或烧断线路，造成工厂停产，商业停业，并使居民区大面积停电。

随手记

第 2 章　家庭安全用电常识

1. 家庭电路由哪些部分组成？
2. 家庭用电安全隐患有哪些？
3. 家庭电气装修应注意什么？
4. 厨房用电安全有哪些注意事项？
5. 客厅用电安全有哪些注意事项？
6. 卧室用电安全有哪些注意事项？
7. 卫生间用电安全有哪些注意事项？
8. 电线可从门窗缝隙穿过吗？
9. 农村家庭如何选用室内电线的截面积大小？
10. 可以用医用胶布代替绝缘胶布吗？
11. 为什么不能乱动室内外配电装置？
12. 为什么不能用“一线一地”来照明？
13. 年限较长的灯具、开关和插座还可以继续使用吗？
14. 照明开关为何不能安装在零线上？
15. 为什么插座不能离地面太近？
16. 直接站在地板上擦拭灯头或换灯泡安全吗？
17. 电线可以直接插入插座插孔内吗？
18. 为什么几个大功率家用电器不能同时使用同一个接线板？
19. 为什么有的电器使用三眼插座，有的电器则可使用两眼插座？
20. 电能表的选用与家用电器的功率有什么关系？
21. 哪些家用电器需要采用接地保护？
22. 为什么禁止将接地线接到自来水管或煤气管道上？
23. 雷雨天为什么不能看电视？
24. 使用电热炉和电熨斗等发热电器应注意什么问题？
25. 带电移动家用电器有危险吗？
26. 怎样给家中小孩讲安全用电？
27. 农村“煤改电”有何好处？
28. 为什么明确规定“煤改电”禁用“直热式”电取暖？

1. 家庭电路由哪些部分组成？

家庭电路一般由进户线、电能表、总开关、断路器和漏电保护器、插座、开关和用电器等组成，如下图所示。

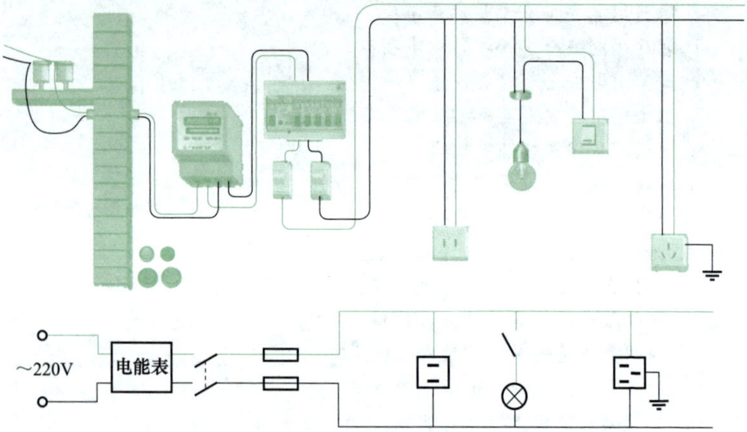

家庭电路中主要部分的作用见表 2-1。

表 2-1　家庭电路各组成部分的作用及应用

名称	主要作用	应用说明
进户线	进户线由户外低压输电线引电进来	进户线有两根电线，一根叫作相线，另一根叫作中性线。正常情况下，相线和零线之间有 220 伏的电压；中性线和接地线之间的电压为 0 伏。 进户线在室外，我们平时应注意观察线上有无异物或者其他异常情况，发现问题应及时向供电所反映

续表

名称	主要作用	应用说明
电能表	电能表安装在家庭电路的主干线路上，用来测量用户在一定时间内（例如一个月）所使用电能多少	电能表上所记录的用电量（一般用“度”为单位），是我们向供电所缴纳电费的唯一依据。怀疑电能表计量有问题，应向供电部门反映情况，请求供电部门来维修；用户自己不能去拆除电能表上的铅封，否则属于窃电行为，要受到处罚
总开关	用来控制室内所有电路的通断	家庭电路的总开关可以采用断路器（俗称空气开关），也可以采用闸刀开关。 总开关对家庭安全用电具有非常重要的作用，当室内电路出现故障需要检修或有人触电时，必须首先关断总开关，然后才可以采取其他的应对措施
断路器和漏电保护器	断路器用于分别控制室内各个用电回路的通断，当电路中的电流过大时能自动切断电路，起到保护作用。 漏电保护器用于在用电设备发生漏电故障时以及对有致命危险的人身触电进行保护	一般来说，室内照明线路的各个回路宜安装断路器，室内插座的各个回路应安装漏电保护器。 漏电保护器的作用是防患于未然，电路工作正常时反映不出来它的重要，往往不易引起大家的重视。有的人在漏电保护器动作时不是认真地找原因，而是将漏电保护器短接或拆除，这是极其危险的，也是绝对不允许的

续表

名称	主要作用	应用说明
插座	插座用于为可移动的用电器供电	家庭电路中的插座有两孔插座（左孔接中性线，右孔接相线）和三孔插座（左孔接中性线，右孔接相线，上孔接接地线）两种。 家用电器使用的插座一般为10安，空调器应采用16安的专用插座。插座有无电，可用试电笔进行检查
用电器	用电器工作时，将电能转化成光、热等能量形式，满足人们的某种需要	通常把家庭中采用220伏电源的电灯、电视机、电饭煲、电热水器等所有电器统称为用电器。 添置大功率用电器时（如空调器、电热水器），应考虑家中原来敷设的线路是否能够满足该电器的需要。 使用各种用电器时，必须严格遵守其操作说明；电压不正常时，不能使用电器

随手记

2. 家庭用电安全隐患有哪些?

家庭用电环境中存在的漏电隐患，比较常见的有如下几点：

没有接地线、接地不良、开关插座质量不合格、开关插座老化、装修接错线、线路混乱家庭用电超负荷等。电线与燃气管道的安全距离不够；线路老化、超负荷用电等现象，也存在安全隐患。如果家庭没有安装漏电保护器，则用电安全隐患会更大。

有的家庭电线过于细小，家用电器数量增多后，容易引起电线发热，电线的塑料绝缘套可能熔化导致燃烧，引发火灾事故。

家用电器中像电视机，电风扇等，儿童也可能直接操作。因此机械稳定性不好、操作构件和易触及部件的结构处理得不合理的家用电器，极易发生机械伤害事故。如台架不稳、运动部件倾倒，运动部件脱落等，儿童使用电器时容易出现安全事故。

要经常检查家中各种电器的电源插头的情况，保持插头的良好导电性能。像电饭煲等大功率电器的插头，一定要经常检查其发热情况。如果插头发热，说明插头有故障，导电性能不好，应及时更换电源线和插头。特别是电冰箱的插头长期不拔，应定期摸一摸插头发不发热，否则，家里没人容易发生意外。

在浴室内使用电吹风，因为浴室潮湿，电器受潮后线路容易短路，容易出故障，对安全构成威胁。

口 诀

家中用电诸隐患，常常检查记心中：
线路老化超负荷，绝缘老化线芯露；
开关插座及灯头，破损没有及时换；
金属外壳用电器，中间插脚没接地；
三孔插座用两孔，未装漏电保护器；
家中电器未放稳，儿童用电太随意；
家电插头使用中，发不发热没摸摸；
养成用电好习惯，安全不能留隐患：
电器带电不能移，浴室不用电吹风；
全家外出关门时，不忘关灯关电器。

3. 家庭电气装修应注意什么?

了解家庭电气装修时的主要注意事项及有关要求，保证入住后的用电安全，是非常必要的。

进行室内电气装修，应聘请经过考试合格、具有进网作业许可证的电工，这是保证电气装修质量的最重要环节。按照国家有关规定，电路安全责任以电能表为界，电能表前由供电部门负责，电能表后的问题用户自己管理。在具体装修时，应注意以下几点：

（1）根据设计要求，电能表、漏电保护器、开关、插座、电线、灯具等都要互相匹配。护套管要采用 PVC 阻燃管，导线必须采用铜芯线。购买上述电工材料时切不能为了省钱，购买劣质产品，否则会在使用中麻烦不断，后患无穷。选购电工材料应尽量选用信得过的品牌，看准是否有 3C 标志。

（2）在住宅的进线处，一定要加装带有符合国家现行标准的漏电保护装置。因为有了漏电开关，一旦家中发生漏电现象，如电器外壳带电，人身触电等，漏电开关会跳闸，从而保证家人安全。

（3）室内布线一定要规范。应将插座回路和照明回路分开布线，插座回路应采用截面不小于 2.5 毫米^2 的单股绝缘铜线，照明回路应采用截面不小于 1.5 毫米^2 的单股绝缘铜线。大容量电器（例如空调器、电热水器）应按设备容量配置独立的相应的大容量插座和回路，应采用截面不小于 4 毫米^2 的单股绝缘铜线。

（4）敷设电线应穿 PVC 阻燃管保护，不得直接埋设在墙上的抹灰层内。因为直接埋墙内的导线，已“死”在墙内，抽不出，拔不动。一旦某段线路发生损坏需要调换，只能凿开墙面重新布线。布线时，中间还不能有接头和扭结，因为接头直接埋在墙内，随着时间的推移，接头处的绝缘胶布会老化，长期埋在墙内就会造成漏电。另外，大多数家庭的布线不会按图施工，也不会保存准确的布线图纸档案，在墙上钉个钉子时，不留意就可能将直接埋在墙内的导线损坏，甚至钉子钉穿了导线造成短路，触电伤人，甚至引发火灾，所以，电线一定要穿管埋设。但应注意，室内的弱电线路（电视信号线、电话线、网络线等）不能与 220 伏电线穿在同一根管子里。

（5）插座设置要超前。家庭用电器在不断增多，插座数量要考虑到远期需求，以避免临时拉电线加接插座板。所有插座都应远离水源，阳台或卫生间内宜选防水防雨插座。

插座的安装高度，一般距离地面高度 1.4 米左右，最低不应低于 0.3 米。插座接线时，对单相二孔插座，面对插座的左孔接零线，右孔接相（火）线；对单相三孔插座，面对插座的左孔接零线，右孔接相（火）线，上孔接保护线。严禁上孔与左孔用导线相连。

（6）壁式开关的安装高度，一般距离地面高度不低于 1.4 米左右，距门框为 0.15～0.2 米。开关的接线应接在被控制的灯具或电器的相（火）线上。

（7）吊扇安装时，扇叶对地面的高度不应低于 2.5 米。吊灯安装时，灯具重量在 1 千克以下时，可利用软导线作自身吊装，但在吊线盒及灯头内的软导线必须打结；灯具重量超过 1 千克时，应采用吊链，吊钩等，螺栓上端应与建筑物的预埋件衔接，导线不应受力。

口诀

农村建设新气象，家家装修变模样。
电气装修保安全，合格电工来施工。
电工材料买正品，放心使用少麻烦。
室内布线分回路，插座照明分路走，
敷设要穿阻燃管，方便维修换电线。
开关串接火线上，插座设置多一点。
安装高度一米四，固定平整添美观。

随手记

4. 厨房用电安全有哪些注意事项？

厨房是家用电器较多且使用频率高的场所，所以厨房用电安全是比较重要的。厨房用电安全不仅要做到各种电器正确使用，也要做好安全防范措施。

（1）电线和插座要避开水源和火源。厨房内的用电线路要安装漏电保护装置，线路不要铺设在洗涤盆的旁边，或盛水容器的下方，或燃气灶灶具的上方。

（2）冰箱不能靠近灶台。冰箱如果放在厨房，不宜靠近灶台，一方面容易影响冰箱内的温度，另外也容易导致冰箱粘水，出现漏电现象。

（3）安全使用电器是前提。家庭成员一定要养成湿手不接触电器的习惯，否则容易触电。

在使用厨房电器时，避免空转（如榨汁机、豆浆机）、空烧（如微波炉、电饭煲）是最重要的一个环节。正确的做法是，电饭煲、电磁炉、电热锅等可移动的电器，用毕除应关掉开关外，还应把插头拔下，以防开关失灵而长时间通电，损坏电器，引起火灾。

（4）避免潮湿环境。厨房和卫生间是家居中最潮湿的两个地方，潮湿对于家电产品的危害很大。建议尽量为厨房小家电找到一个与水源或水蒸气源相对远一些的地方放置，避免电器受潮后漏电。

（5）定期除油烟。油烟长期堆积，会使电器绝缘性能降低，容易引起电器漏电。推荐大家在每次做完饭后将电器擦拭一遍，对于不经常使用的电器应该放在柜子里。每隔 3～6 个月集中使用清洁剂将附着于电器上的油烟做一次彻底的清理，注意清洁时必须断开电源。

口诀　厨房环境较潮湿，用电更加要小心。
湿手不摸电插头，也不操作电开关。
食物入锅盖上盖，插好插头再通电。
正在使用微波炉，保持距离人健康。
厨房电器安全用，电器用完拔插头。
检查清洁电器时，提前准备断电源。

5. 客厅用电安全有哪些注意事项？

一般来说，农村家庭中的客厅通常在底层的一楼，是电气线路最复杂的场所之一，也是用电器比较多的场所。例如电视机、柜式空调机、饮水机、DVD 影碟机、功放机、电风扇、电热取暖器等电器，基本上都是放置在客厅中。这些电器在使用过程中，如果使用不当或其他原因，往往会引发一些安全事故。

要经常进行检查是否安全。在用电器没有接入电路的前提下，看一看或者用手摸一摸用电器外壳的绝缘部分是不是破损，连接电路的电线的外表是不是有损伤（农村老鼠比较多，老鼠喜欢咬电线的绝缘层），如果发现有损伤，应立即修复后再使用。

客厅中有各种插座，有的是固定在墙上，有的是放在桌子上（例如可以移动的多用电源插座），这些插座在使用的时候一定要保持干燥。在客厅喝水，倒水的时候不小心将水倒到了桌子上，插座可能就浸在了水里，这时候，人接触插座就存在着触电的危险。

有的客厅中安装了低位插座，距离地面只有 30mm 左右，在做清洁时，如果使用拖布清洁地面，不小心把水溅入插座内，容易发生触电事故。

冬季在客厅使用大功率的取暖器时，如果闻到有非常刺鼻的塑料燃烧的气味时，这是电火灾的前兆，应立即将家里电路总闸关掉，进行检查。如果没有切断电源，切忌不能用水或者潮湿的东西去灭火，避免引发触电事故。

农村家庭客厅的插座常常是临时用电的取电点。例如举办红白喜事宴请的用电、农忙时在自家庭院的晒场上部分农机具的用电等。此时，一定要注意临时线路的合理架设（可采用架空线路，也可以采用硬质的 PVC 管穿线敷设），不要将电线直接裸露在地面上，以免行人踩踏损坏电线的绝缘层引起触电事故。同时，还要算一算插座及临时用电的电线能不能承受负载的功率，避免超负荷运行带来安全隐患。

口诀　农家客厅居底楼，大人小孩常聚首。
客厅电器比较多，放置一定要合理。
老鼠爱把电线咬，绝缘破损快修理。
客厅插座要保护，防止小孩受电击。
临时用电来取电，负载功率算一算。

6. 卧室用电安全有哪些注意事项?

（1）手机不放床边充电。在床边安装插座虽然感觉便利，对于家居安全来说却是一个隐患。以手机充电为例，放在床边充电，万一手机爆炸，第一会直接伤害到床边的人，第二会点燃床品，引发火灾。

（2）灯饰远离可燃物。落地灯、床头灯等可移动灯饰，要与窗帘等布艺产品保持一定的安全距离。灯饰绝对不要靠近布艺。

（3）谨慎使用电热毯。不能把硬的东西和尖锐的金属放在电热毯上，也不能把电热毯与热水袋等加热工具一起使用，以免电热毯损坏而引起触电事故。

电热毯最好不要整夜长时间使用。尤其是独居老人，一定要注意使用时间，防止家中无人引发火灾，造成严重后果。

（4）防止电器长期通电。卧室发生电火灾，有的是因为卧室中的电器长期通电或待机，引起电器内部发热、短路起火引起的；也有的是因为超负荷使用电器引起的电火灾。因此，电器使用完毕之后，不要只是遥控器关机，最好把电源插头也一起拔掉。

（5）及时观察电器有无异常。在使用过程中，如发现充电器、台灯等有冒烟、冒火花、发出焦糊的异味等情况，应立即关掉电源开关，停止使用。

口 诀　家人休息在卧室，手机充电远离床。
谨慎使用电热毯，灯饰远离可燃物。
电器不要长通电，发现异常关电源。

7. 卫生间用电安全有哪些注意事项?

近年，卫浴间洗浴电击的事故屡屡发生。据中国消费者协会统计，我国每年因为卫生间触电事故造成的伤亡人数不少于1000人。人在卫生间触电时的自救难度大增，因此要特别注意采取防触电措施。

（1）卫浴间等电位不可缺。住宅卫浴间内应作等电位联结。将卫浴间内的电器装置、金属物件以及可导电的部分全部用导体联结起来，减小电位差以消除危害，这就是卫浴间安装等电位的作用。

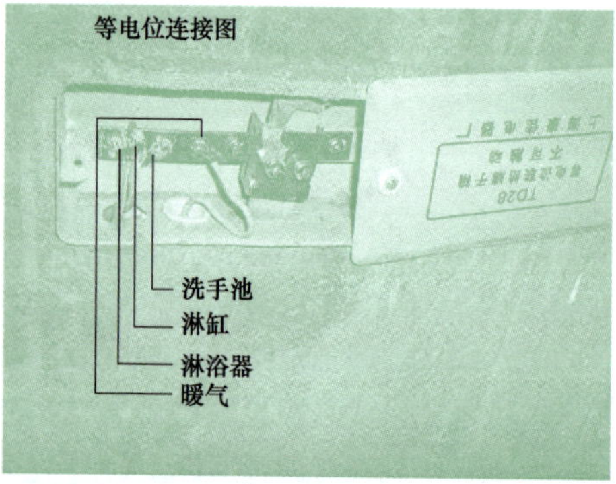

（2）卫浴空间的线路一定要做密封防水和绝缘处理。

（3）卫生间内应安装防水型安全盖的插座，避免出现插座进水的现象。

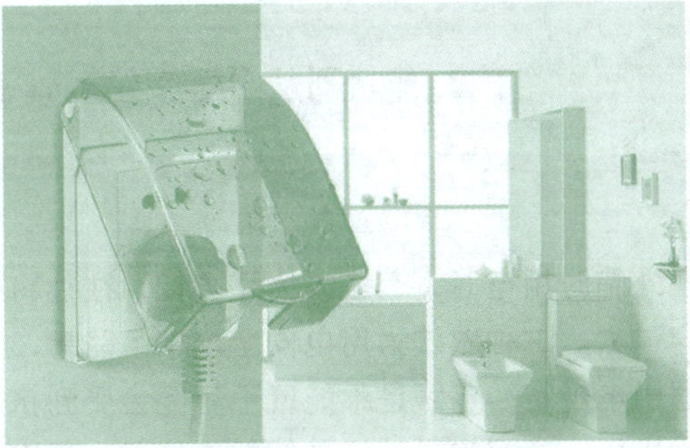

(4) 电灯开关如为跷板式，宜设于卫生间门外的墙上。如果确实要安装在室内，应选用防水型开关，确保人身安全。

口诀　电路受潮易漏电，规范安装等电位。
洗浴空间水花飞，插座要装防水盒。
跷板开关装室外，防水开关装室内。

8. 电线可从门窗缝隙穿过吗?

在农村室外临时用电时，有些人为了方便，往往将电线从门窗缝隙处直接穿过去。这种做法为用电安全埋下了隐患，因此是非常危险的。根据用电规定，电线是不能置于可能会受到挤压及摩擦的地方的，因为挤压、摩擦容易破坏导线的绝缘层。现在，很多家庭采用的都是铝合金门窗，由于铝合金材料是一种导体材料，因此一旦电线绝缘层磨损，线芯与门窗接触就会引起门窗带电，在开关门窗时就会发生触电事故。

另外，采用这种方式用电时，开关门窗时还容易将火线和零线同时挤断，引起线路的短路，轻则烧毁熔丝，重则烧坏室内线路，甚至引起电气火灾。因此，临时用电一定要规范，电线必须要从门窗缝隙处穿过时，应在门窗缝隙处套一段电线护套管。

口 诀 门窗缝，穿电线，图方便，埋隐患。
开关门，受挤压，线磨损，会触电。

小常识

如何识别安全用电标志

明确统一的标志是保证用电安全的一项重要措施。统计表明，不少电气事故完全是由于标志不统一而造成的。例如由于导线的颜色不统一，误将相线接到设备的机壳，而导致机壳带电，酿成触电伤亡事故。

用电标志分为颜色标志和图形标志。颜色标志常用来区分各种不同性质、不同用途的导线，或用来表示某处的安全程度。图形标志一般用来告诫人们不要去接近有危险的场所。为保证安全用电，必须严格按有关标准使用颜色标志和图形标志。我国安全色标采用的标准，与国际标准草案基本相同。

一般采用的安全色有以下几种：

（1）红色：用来标志禁止、停止和消防，如信号灯、信号旗、机器上的紧急停机按钮等都是用红色来表示“禁止”的信息。

（2）黄色：用来标志注意危险。如“当心触点”“注意安全”等。

（3）绿色：用来标志安全无事。如“在此工作”“已接地”等。

（4）蓝色：用来标志强制执行，如“必须戴安全帽”等。

（5）黑色：用来标志图像、文字符号和警告标志的几何图形。

按照规定，为便于识别，防止误操作，确保运行和检修人员的安全，采用不同颜色来区别设备特征。如电气母线，A 相为黄色，B 相为绿色，C 相为红色，明敷的接地线涂为黑色。

9. 农村家庭如何选用室内电线的截面积大小？

家庭安全用电，关键是室内线路要达到设计合理、安装规范的标准。比如室内线路导线的截面积大小，应根据家庭用电设备的最大输出功率的大小来确定，同时还要考虑到未来几年家庭电气负荷的增加情况。现在有一些家庭，新居建成才二三年时间就不得不重新安装室内线路，究其原因就是家庭电气设备增加过快，以致使原来使用的电线截面积无法承担电气设备增加后的重负了。

同时，农村住宅的电气线路应采用符合安全和防火要求的方式。室内线路应采用铜芯线，包括铜质绝缘电线和铜芯塑料绝缘保护套线。当然电线截面积越大其价格就越高，正确的方法是根据相关用电规范选用合理截面积的电线。一般来说，按照表 2-2 所示的要求选用电线截面积可满足绝大多数家庭的用电要求。

表 2-2　　农村家庭电线截面积选用建议

线　路	电线截面积（毫米^2）	线　路	电线截面积（毫米^2）
进户线	8.0~10.0	空调挂机及插座	2.5
照明线路	1.5	空调柜机	4.0
厨房	4.0	卫生间	2.5

口诀　室内线路要安全，全部选用铜芯线。
电线截面看负荷，根据负荷把线选。
照明线路一点五，插座线路二点五。
空调专线四点零，设计应有前瞻性。

小常识

中学生误接“死亡电话”

某年 7 月 16 日，江夏区一学生在家中接听电话时，不幸遭雷击身亡。死者周某系该区山坡乡新生村周刘湾人，高中学生，即将过 16 岁生日。据其亲属介绍，当晚 7 时 30 分左右，雷电交加，周家电话吱吱作响，他拿起话筒接听时，突然倒地，周父赶紧将其抱开，此时他已无心跳和呼吸。人们发现死者胸背部有雷击痕迹。

省防雷中心三位专家赶赴现场了解情况，周家地处空旷地带，容易形成大磁场。雷击形成的高电压窜入电话线，电话机受感应后吱吱作响。周某拿起话筒时，强电流通过人体瞬间释放而致遭雷击死亡。

防雷专家提醒，遇到雷暴天气，住户最好不要拨打、接听电话，其他家用电器最好也不要使用，电源线、信号线也应从插座上拔掉。

10. 可以用医用胶布代替绝缘胶布吗?

绝缘胶布是电气线路中用于包扎电线接头的绝缘材料，对确保用电安全起着至关重要的作用。绝缘胶布如果使用不当，往往会引发用电事故。

一些用户在改造线路时，私自用医用橡皮膏或伤湿止痛膏代替绝缘胶布包裹接头。殊不知，这样做是非常危险的，轻则造成线路漏电，重则会引发火灾和触电伤亡事故。因为绝缘胶布是具有绝缘功能的，而橡皮膏等医用胶布是用棉布、粘合剂、中药等材料制成的，虽然黏性比较好，但其绝缘程度很低，并且又不耐高压（相对于安全电压而言），因而非常容易发生漏电事故。

在家庭配线时，最好不要把接头留在中间，必须有接头时应保证接触牢固并使用绝缘胶布缠绕，或者用瓷接线盒进行连接。因此，绝对不可用医用胶布等代替绝缘胶布（带）进行接头缠绕，以免发生事故。

口诀　医用胶布缠电线，医治不了线漏电。
电工胶布能绝缘，缠在线上可供电。

小常识

居民用电为啥会出现停电

在日常生活中，人们免不了会碰到停电现象。一旦家里没了电，必然会给生活带来诸多不便，特别是高温季节更是如此。那么，居民用电为啥会出现停电呢?

（1）计划检修停电。这是供电部门为确保输、变电设备安全可靠运行，保证向用户提供优质可靠电力而进行的有计划的停电。对这类停电，电力部门一般通过传媒（如晚报、晨报、电台等）发布停电预告，提醒用户提前做好准备工作。

（2）突发事故停电。当电力线路或变压器、开关等设备遭台风、雷击或电杆、电线受外力破坏而发生断杆、断线等，也会引起部分区域的停电，这种停电是供电部门和用户都无法预料的。在这种情况下，用户应积极提供信息，配合电力部门及时查出故障，恢复通电。

（3）用户由于使用不当造成短路或超负荷使用引起的停电。居民用电的进户线的导线直径和电能表的容量一般是根据用户申请的容量配置的。如果用户超过电能表允许的最大电流用电，就会出现内线烧断等故障，严重时还会烧坏电能表直至引起左邻右舍停电。

11. 为什么不能乱动室内外配电装置?

要做到安全用电，用户不能随便乱动电能表及室内外线路，以免造成线路和电器设备损坏，影响其安全及正常使用。电能表是用来计量某一段时间内用电器用电量多少的仪表。若发现电能表计量不准确或有其他问题，用户是不能自行拆卸的，电能表拆装修理应请供电部门人员进行操作。等电位箱也是不能随意改动的，否则容易引发触电事故。因为等电位箱是家庭用户整个电源的接地平衡接入点，万一家中有地方发生漏电的话，那么其接地端子就会和漏电的地方形成一个回路。此时，漏电保护器就会做出反应而跳闸，这样就达到了保护人身安全的目的。如果没有等电位箱的话，那么漏电保护器则往往探测不到漏电的情况发生，因此就有可能发生危险。

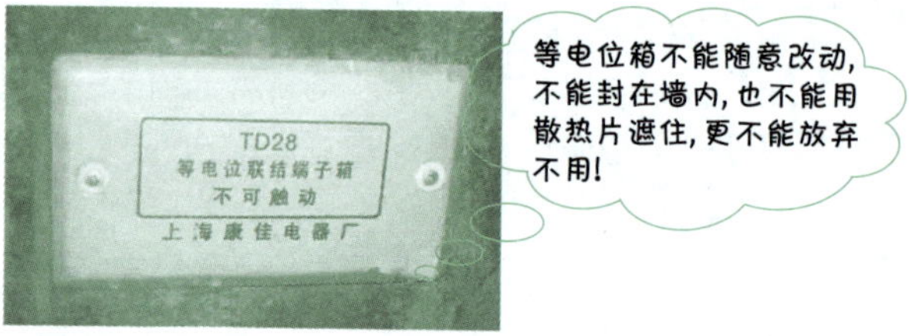

口诀 配电装置保供电，用户不可自改变。
否则嫌疑你偷电，即使蒙冤也难辩。
电表必须有封签，不准私自把表检。

小常识

有关架空线路的安全距离规定

架空线路导线与地面的最小垂直距离，即安全距离，如表 2-3 所示。

表 2-3　架空线路导线与地面的最小距离

线路经过的地区	线路电压	
	1 千伏以下	1 千伏以上
居民区（米）	6.0	6.5
非居民区（米）	5.0	5.5
交通困难地区（米）	4.0	4.5

在最大风偏的情况下，导线与山坡、峭壁、岩石的净空距离不应小于表 2-4 中的规定。

表 2-4　导线与山坡、峭壁、岩石的净空距离

线路经过的地区	线路电压（千伏）					
	35～110	220	330	500	1～10	1 以下
步行可到达的山坡（米）	5.0	5.5	6.5	8.5	4.5	3.0
步行不能到达的山坡、峭壁和岩石（米）	3.0	4.0	5.0	6.5	1.5	1.0

12. 为什么不能用“一线一地”来照明?

规程规定，严禁“以地代零”和“一线一地”照明，因为这种照明方式是十分危险的。那么什么是“一线一地”呢？所谓“一线一地”，就是指用电时只用一根火线，自己另外接一根地线，从而达到窃电的目的。要知道自行接地是很危险的，切不可采用！

比如，利用自来水管作为所谓“地”的“一线一地”用电，经常会造成水管带电，有些村民在洗澡时会有麻电的感觉，有时候还会引起严重的触电事故和火灾事故。此外，“一线一地”还会造成大片区域的电压不稳，甚至会损坏家用电器。

用“一线一地”安装的电灯，极易造成触电事故。因为“一线一地”制的电流是一相电源通过电灯后直接入地形成回路的，当开灯时有人拔起接地极就会引起触电。这种触电方式具有更大的危险性，因为触电时全部电流都会流经人体而入地，因此这种方式触电的人十有八九会死亡的。

口诀　一线一地来照明，触电后果很危险。
直接危及人生命，一旦查获可停电。

小常识

插头、插座有焦黑不能用

当插头或插座因为使用不当而出现烧焦发黑现象时，是千万不能再使用的。否则，很容易发生漏电事故，并且随时都有可能发生火灾或触电的危险。

13. 年限较长的灯具、开关和插座还可以继续使用吗？

根据有关规定，开关产品必须能开闭2万次以上，插座产品则要求插拔5000次以上，而对于开关面板的使用年限，目前国家尚未出台相关的强制性规定。那么，超过使用年限的用电器材是否还能继续使用呢？

一般来说，使用年限在10～15年的灯具、开关和插座最好全部更换。超过使用年限的电器产品，要及时进行更换。因为任何电器产品都有它的使用寿命（报废期），超过使用寿命的电器产品其绝缘性能会下降。由于使用年限较长，灰尘、油污、潮湿等因素均会导致这些产品的绝缘性能下降；高温、霜雪气候以及器具本身的发热等因素也有可能导致产品的电工胶木老化、断裂；同时，如果产品已经在超负荷条件下工作，其弹簧和接触电极上的触点就容易发热变形，因此使用寿命也将大大缩短。

口 诀　插座开关灯具旧，及时报废新品换。
电器都有寿命期，勉强凑合有隐患。

小常识

保护接地和保护接零

保护接地　为了防止电气设备外露的不带电导体意外带电造成危险，将该电气设备经保护接地线与深埋在地下的接地体紧密连接起来的做法叫保护接地。由于绝缘破坏或其他原因而可能呈现危险电压的金属部分，都应采取保护接地措施。如电机、变压器、开关设备、照明器具及其他电气设备的金属外壳都应予以接地。一般在低压系统中，保护接地电阻值应小于 4 欧姆。

保护接零　就是把电气设备在正常情况下不带电的金属部分与电网的零线紧密地连接起来。应当注意的是，在三相四线制的电力系统中，通常是把电气设备的金属外壳同时接地、接零，这就是所谓的重复接地保护措施，还应注意，零线回路中不允许装设熔断器和开关。

14. 照明开关为何不能安装在零线上?

照明开关应装设在火线上，这是用电安全的一个基本常识。如果将照明开关装设在零线上，虽然断开时电灯也会熄灭，但灯头的相线仍然是接通的。一般人都认为灯不亮就是处于断电状态，因此把照明开关安装在零线上是十分危险的。非常容易发生触电事故。原来把照明开关装设在零线上时，虽然灯不亮了，但实际上灯具上各点的对地电压仍是220伏，这是一个具有极大危害性的危险电压。如果人们在换灯泡、清洁灯具等活动中，不慎触及这些实际上带电的部位，那么就会造成触电事故。所以各种照明开关或单相小容量用电设备的开关，都应串接在火线上，这样才能确保安全。

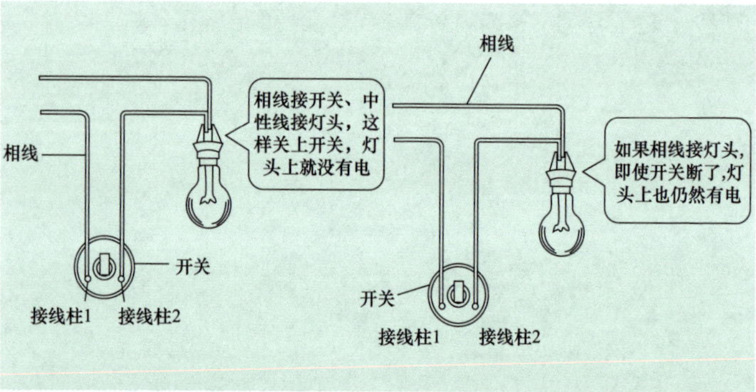

口诀 不准开关控零线，防止不慎人触电。
正确接线保安全，开关串联在火线。

小常识

试电笔的基本结构

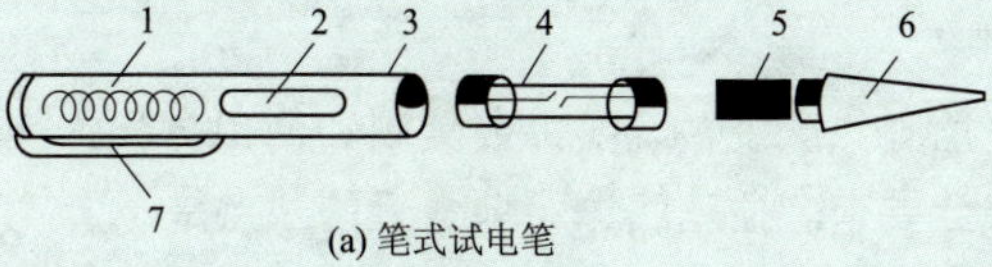

(a) 笔式试电笔

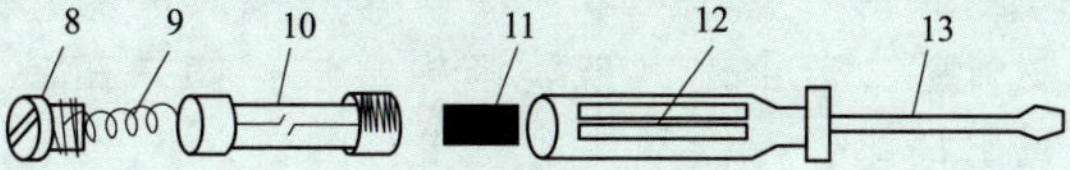

(b) 螺丝刀式试电笔

1、9—弹簧；2、12—观察孔；3—笔身；4、10—氖管；5、11—电阻；
6—笔尖探头；7—金属笔挂；8—金属螺钉；13—刀体探头

窃电与处罚

窃电是指电力用户违反有关用电合同，采取非法手段窃取电力的行为。窃电属于盗窃行为，主要包括以下几种类型：

（1）在供电企业的供电设施上，擅自接线用电。

（2）绕越供电企业的用电计量装置用电。

（3）伪造或者开启法定或者授权的计量检定机构加封的用电计量装置封印用电。

（4）故意损坏供电企业用电计量装置。

（5）故意使供电企业的用电计量装置计量不准或者失效。

（6）采用其他方法窃电。

对于窃电行为，供电企业除当场予以停电外，应按照其私接容量以及实际使用的时间追补电费，并按照追补电费的3~6 倍处以罚金；对窃电数额较大、情节严重的，应依法追究其刑事责任。如果窃电起始日期无法查明，需补交的电费至少按 6 个月计算。如果用户由于窃电造成供电企业设备损坏的，则应责令其进行赔偿和修理。

15. 为什么插座不能离地面太近？

家庭电源插座的安装，既要讲究美观和使用方便，又要保证安装高度符合安全要求。插座底边距地太近的缺点是：

（1）如果插座离地面太近，那么在装修时必须把插座移出来固定在龙骨架上，否则会被装饰板盖住，如果在装饰板上开个口子，露出插座显得很不美观。

（2）如果插座离地面太近，那么插座就会被低柜挡住，插、拔插头很不方便，并且低柜不能紧靠墙摆，以留出插、拔插头的空间，这样也不美观。

（3）如果插座离地面太近，那么在用拖把清洁地板时，往往容易将水溅入插座内部，还有可能使拖把的布条直接接触插座电极，从而引起触电事故。

此外，为防止儿童用手指触摸插座，或用金属物插捅插座的孔眼，安装插座一定要选用带有保险挡片的安全插座，并安装在距地面有一定高度的地方。

插座安装高度见表 2-5，安装位置见下图。

表 2-5　　插座安装高度建议

插　座	安装高度(毫米)	插　座	安装高度(毫米)
客厅、卧室的插座	低位 30～50 高位 100～1400	电冰箱的插座	150～180
洗衣机的插座	120～150	空调、排气扇等的插座	90～200
厨房电器的插座	110	浴室	>50

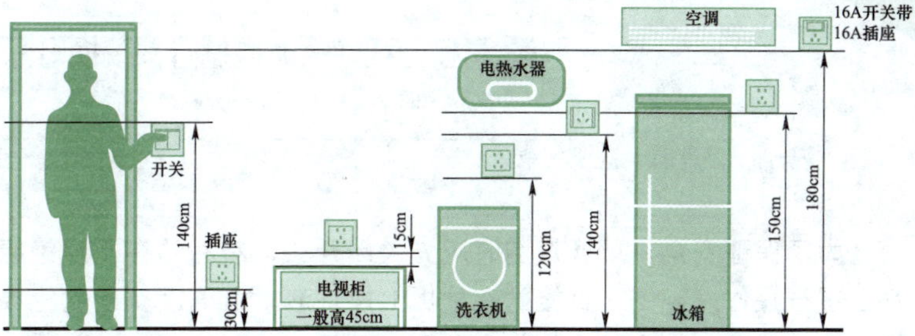

● 开关插座安装高度示意图

口 诀　家庭插座不可缺，既要安全又美观。

安装高度有规定，区别厅室各不同。

小常识

表 2-6　开关和插座选择要点

序号	选择要点	序号	选择要点
1	表面应光滑，无气泡和凹陷现象，结构应精致、不粗糙	6	开关应手感轻巧，反应灵敏，开、关位置到位
2	接线柱光亮、无锈痕，紧固螺钉拧动时无阻滞感，拧紧后导线不易松脱	7	插座应插拔顺畅，手感在插入时有一定阻力，最好带有保险挡片
3	在紧固到墙面时，不得有倾斜或凹凸不平现象	8	商标印刷或刻印应清楚，包装规范，内附合格证
4	开关、插座接线柱的火线、零线、地线应有明确的标识	9	应有 3C 认证标志
5	开关、插座的面板应无裂痕	10	仔细阅读说明书，了解产品与自己的要求是否符合

16. 直接站在地板上擦拭灯头或换灯泡安全吗?

为了保证安全，更换灯泡时应先关闭开关，然后站在干燥绝缘物上进行操作。否则，直接站在地板上换灯泡，由于没有任何绝缘措施，一旦灯头发生漏电，其后果不堪设想。

打扫卫生时，不要用湿手触摸和湿布擦拭灯头和灯泡。即便厂家提供的灯头和灯泡是不漏电的，但灰尘和潮湿也会使其发生漏电，人们用湿手或湿布接触灯头和灯泡时就有可能发生触电。此外，目前广泛采用的螺口灯头，如果安装时接线错误，误将火线连接在连通螺纹圈的接线柱上，此时螺纹圈是带电的，人体碰触到螺纹圈就会触电。

所以，无论清洁什么电气设备，如开关、插座、电风扇等，都应先切断电源。

口诀 更换灯泡防触电，要在绝缘物上站。
清洁灯头或灯泡，断开电源才可做。
湿手不要摸电器，干燥绝缘可更换。

小常识

直流电、交流电和静电

直流电流在电线中流动的方向是始终不变的，像家庭日常生活中使用的手电筒、手机、收音机等电器基本上都是采用直流电供电的。而交流电流在电线中流动的方向是变化的，并且电流的大小也随着方向的变化呈周期性变化。像电冰箱、电视机、空调等家用电器使用的都是交流电。我国交流电频率为 50 赫兹，这个频率通常称为工频。

那么，什么是静电呢？在干燥和多风的秋天，我们常常会碰到这种现象：晚上脱衣服睡觉时，黑暗中常听到噼啪的声响，而且伴有蓝光；见面握手时，手指刚一接触到对方，会突然感到指尖针刺般刺痛；早上起来梳头时，头发会经常“飘”起来，越理越乱；拉门把手、开水龙头时都会“触电”，时常发出“啪、啪”的声响，这就是发生在人体上的静电。我们把电荷积聚不动时所带有的电荷叫作静电，像上述几种现象就是静电对外“放电”的结果。

从电流对人体伤害的程度看，直流电较交流电轻，而高频交流电比工频交流电轻。我们平常在工作和生活中接触到的主要是工频交流电。静电对人体一般不会产生较大的危害。

17. 电线可以直接插入插座插孔内吗?

在生活或生产活动中，插头与插座必须完全匹配，才能保证用电安全。在使用移动式电气器具时，引线及插头都应完整无损，否则是不能使用的。在临时用电时，严禁直接将电线线头插入插座内用电。

（1）若将电线直接插入插座，由于电线的线芯和插座的开口不匹配，两者不能完全接触或接触不到位，很容易引起“虚连接”而产生高热，这样是容易发生火灾事故的。

（2）若将电线直接插入插座，多种原因都可能使电线从插座口上部分脱落出来，而让线芯外露，此时如果天性好奇的儿童去触摸就容易发生触电事故了。

口诀　电线直插插座内，虚连发热致火灾。
线与插头一起拔，只拽电线不应该。

小常识

电线乱拉乱接危险大

电气设备必须请专业电工按照有关安装装置规程来进行接线。如果让一些不懂专业的人去做，或者不按有关装置规程要求进行乱拉乱接，就会产生许多不安全的因素。

乱拉乱接电线不仅容易发生电击伤人和诱发火灾，而且还会受到电力部门和公安机关的严厉处罚。

18. 为什么几个大功率家用电器不能同时使用同一个接线板？

在农村家庭，对于像电冰箱、电暖器、洗衣机、电饭煲、电磁炉、抽水机、打米机等额定功率都比较大的电器，应当使用单独的插座来供电。因为接线板的额定输出功率是有限的，如果同一接线板使用过多的电器，那么其总功率就有可能超过接线板的最大负载能力。如果用电负荷功率超过了接线板的承受能力，那么接线板的电极和电源线就会发热，因而容易引起电气火灾，并因此造成不必要的财产损失。

使用时，不要在一个插座上同时接插两个功率较大且会同时使用的电器；不得人为改变插头尺寸或形状而强行插在插座上；若在使用中发现有接触不良、插座不能夹住插头等现象时，应立即停止使用并及时更换。

使用接线板时，建议所接电器的总功率在接线板额定功率的70%左右，留出一定的余量，以防所接电器使用时产生的瞬间电流超过接线板的额定电流。

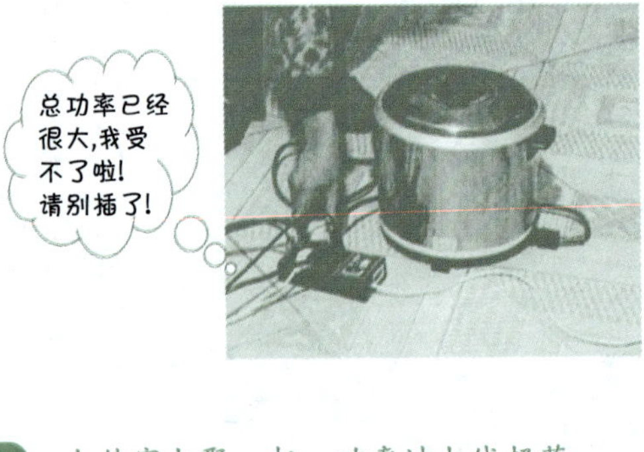

口诀 大件家电聚一起，功率过大线超荷。
引起火灾不得了，单独插座是上策。

电力法规

农村触电伤亡事故分类

《农村安全用电规程》将农村触电伤亡事故，按原因不同分为以下六种：

（1）设备安装不合格——指触及安装不合格的电力设备或用电器具所造成的事故。

（2）设备失修——指触及有缺陷的电力设备或用电器具所造成的事故。

（3）违章作业——指从事电气工作的专业人员违反有关安全作业规程，在企业生产或指挥作业过程中所造成的事故。

（4）缺乏安全用电常识——指伤害者因缺乏安全用电常识而触及电力设备或用电器具所造成的事故。

（5）私拉乱接——指私自安装、拆卸、移动用电设备所造成的事故。

（6）其他——指以上五种原因以外的农村触电事故。

19. 为什么有的电器使用三眼插座，有的电器则可使用两眼插座？

在家用单相用电设备中，特别是移动式用电设备，如电饭煲、饮水机、洗衣机、电冰箱、电热水器、抽水机等，都应使用三脚插头以及与之相配套的三眼插座。因为三眼插座是带接地保护的。带金属外壳的可移动电器，应使用三芯塑料护套线或三眼插座、三脚插头。

保护接地线把设备或用电器的外壳可靠地与大地连接，是防止触电事故的良好方案。三眼插座的接地，是农村家庭安全用电中最为薄弱的一个环节，因为大多数家庭根本就没有接地。还有的用户干脆就把三眼插头的接机壳插头掰断了，用两眼插座代替三眼插座使用，这样做具有更大的危险。

如果使用三眼插座而又没有保护接地，那么在使用拥有三脚插头的家用电器时，家用电器的金属外壳就有可能带电，一旦接触家用电器就有触电的危险。因此，在三眼插座内一定要安装保护接地线，并注意三眼插座的零线与保护地线一定不能接错。

关于小功率电器，如电视机、VCD/DVD 影碟机、台灯、功放机等，基本上采用的是两脚插头。而有些电器部分厂家采用的是两脚插头，而部分厂家采用的则是三脚插头，如电风扇、割草机等，根据这种情况，在购买时要尽量选用三脚插头。

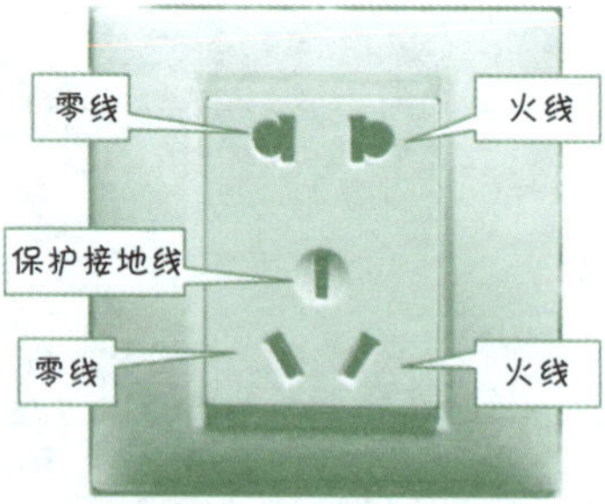

在使用家用电器时，要注意什么样的插头配什么样的插座。两脚插头使用两眼插座，三脚插头使用三眼插座，切忌使用所谓的万能插座（插头）。

口诀　插座配置应多样，插头插座要配套。
两眼三眼都常用，使用哪个看需要。
两眼插座左接零，两脚插头来配套。
左零右火上接地，三脚插头来配套。

小常识

怎样选用开关和插座

（1）尽量选用名牌产品，因为名牌产品在产品质量、服务上都有一定的保障。

（2）根据自己的经济实力和装修环境，酌情选用不同的品牌。一般来说，国外品牌的产品因其成本普遍偏高，因此价格就比国产产品高。而国内产品无论在质量上，还是在外观造型上都接近或超过国外品牌，因此对于一般的装饰装修选用普通型产品也就行了。

（3）根据开关和插座使用的环境不同，确定开关和插座的用途和负载能力。不同的使用环境对开关和插座具有不同的要求，比如在卫生间、厨房、室外等场合使用时，应考虑选用防水、防潮、防油烟的产品。专供电冰箱或空调等大功率家电使用的插座（一般不设开关），通常选用额定电流值大于 10A 的单插座。多用插座最好选用五组以下电流稍大带保险座的插座。

20. 电能表的选用与家用电器的功率有什么关系？

在实际生活中，常常发生电能表损坏的现象。究其原因，很可能是没有根据家用电器的总功率来选用电能表，这是电能表损坏的主要原因之一。那么，应当怎样来选择电能表呢？

农村居民选择电能表的原则，是电器负荷的上限不超过电能表额定最大电流，下限不低于标定电流的5%，也就是不低于起动电流。

（1）计算出家用电器的总功率。

（2）按公式计算出最大电流。即

电流=功率÷电压

根据计算出的电流数选择相应规格的电能表。例如家用电器总功率为1650瓦，折算成电流=1650÷220=7.5（安），则选择一只规格为5（20）安的电能表即可。

在家用电器总功率一定的条件下，若电能表的电流安培数选择过小，则容易被烧坏。

根据自己家里用电的一般情况，用电器每天的平均使用功率和使用时间，按照用电量=功率（千瓦）×时间（小时），可算出每天的用电量，然后计算出1个月的用电量来。常用家用电器的功率见表2-7。如果与电能表计量数相差太多，则应对电能表进行检验。

表2-7　常用家用电器的功率

电器名称	一般电功率/瓦	估计用电量/千瓦时
窗式空调机	800～1300	≤1.3
壁挂式空调机	1500～2500	≤2.5
柜式空调机	1500～3000	≤3
家用电冰箱	65～130	0.85～1.7

续表

电器名称	一般电功率/瓦	估计用电量/千瓦时
家用洗衣机（双缸）	380	≤0.38
电热淋浴器	1200	1.2
吊扇（大型）	150	0.15
吊扇（小型）	75	0.08
电视机（21 英寸）	70	0.07
（25 英寸）	100	0.1
CD、VCD	80	0.03
音响器材	100	0.1

口 诀　电表规格看功率，电器多来功率大。
普通农家选电表，五至十安作计划。
根据负荷装电表，大表不准小表跑。

小常识

电能表的种类

为满足不同的电能测量需要，有多种类型的电能表，其类别可按不同情况进行划分。

（1）按结构及工作原理不同，可分为感应式电能表和电子式电能表。电子式电能表又可分为全电子式电能表和机电脉冲式电能表。

（2）按准确度等级不同，可分为普 0.5，1.0，2.0，3.0 级等。

（3）按用途不同，可分为有功电能表、无功电能表、最大需量表、复费率电能表和多功能电能表。

21. 哪些家用电器需要采用接地保护?

一般家用电器在正常工作时金属外壳是不带电的，但由于内部器件绝缘损坏或其他原因，导致电器金属外壳带电，当人身触及就有可能发生触电事故。为了防止这种情况的发生，生产厂家在电器生产过程中，就已经对产品采取了保护接地措施，比如采用三脚全密封式插头。

一般来说，凡是采用金属外壳的大功率家用电器都要使用接地保护，如厨房内使用的电冰箱、电饭煲等电器，卫生间使用的洗衣机、电热水器、家用抽水机、脱粒机、切草机等都需要采取接地保护措施。有的家用电器在出厂时，在外壳上接有一根黄绿相间的导线，就是要求用户用来接地的。

为保障家用电器的使用安全，避免发生触电事故，村民在使用家用电器和农业生产用机电设备时，一定不要忽视保护接地。三脚全密封式插头设有接地端，在使用时应与楼房所设置的保护接地线

相连接，这样使用才能确保安全。接地线一端与电器的外壳相接，一端与埋入地下的接地极连接。这样，当电器内部的绝缘层损坏时，电流就从接地线流入地下了，人就不必担心会触电了。

口诀　金属外壳大家电，都应采用接地线。
农业生产电设备，电机要装接地线。
一旦设备有漏电，电流入地不触电。
修理电器应注意，不可抛开接地线。

小常识

接地线和漏电保护装置不可或缺

电气设备接地是用电安全的基本措施。住宅内的电气设备接地线应不小于 2.5 厘米^2，从接地极、接地干线、接地支线到电气设备，中间有不少连接点，只要有一个地方连接不可靠或断裂，尤其是插座的接地桩头接触不良，都会造成接地不可靠，所以不能保证电气设备接地绝对可靠，或者说不能保证一直可靠。因此，要采用其他措施来增加用电的安全度，而加装家用漏电保护装置就是一个非常有效的方法。

22. 为什么禁止将接地线接到自来水管或煤气管道上?

接地是保证电器设备正常工作，防止发生触电伤亡和火灾爆炸事故的一种既简单又有效的方法。但不正确的接地，不仅达不到保护效果，而且还有可能发生触电伤亡和火灾爆炸事故。

家用电器的接地线是不能接在自来水管上的，因为许多自来水管往往是不接地的，因此无法构成回路将漏电电流导入大地。这是因为自来水管的连接头处为了堵漏，缠绕了若干圈绝缘带，这样就没有接地效果了。如果发生电器漏电事故，与接地线相连接的自来水管和水龙头也会带电，这样就会危及人身安全了。

把家用电器的接地线接在煤气管或天然气管上，更是绝对禁止的！同样道理，煤气管或天然气管的连接处也缠绕有绝缘带，电器漏电产生的电火花有可能引起煤气、天然气爆炸。家用电器的接地线也不得接在避雷线的引下线上，否则在遭受雷击时会引雷入室，其后果是不堪设想的。

口 诀 水管气管接地线，犹如家中装炸弹。
电器故障管带电，人体接触必触电。

小常识

农村小院接地装置的做法

随着国家家电下乡政策的实施，家用电器在农村日趋普及。为保证用电安全，带有金属外壳的家电设备，均采用保护接地来避免发生触电事故。有的家用电器在出厂时，就在外壳上接有一根黄绿相间的导线，就是要求用户用来接地的。

农村过去建造的住宅，对接地并不重视，许多家庭虽然有三孔插座，但只有两根导线，缺接地线，这样用电是非常危险的。那么，农村小院接地装置的接地体和接地线该怎么做呢?

接地装置垂直埋设的接地体可用一根直径不小于 50 毫米、壁厚不小于 2.5 毫米的钢管，或不小于 50 毫米×50 毫米×5 毫米的角钢，有时也采用直径不小于 19 毫米的圆钢。接地体的长度一般为 2~2.5 米，钢管打入地下的一端加工成斜面形或扁尖形。角钢或圆钢打入地下的一端加工成尖头形。装设接地体前，要沿接地体的线路先挖沟，以便打入接地体和敷设连接这些接地体的扁钢和圆钢，沟深一般为 0.6 米以上。

从接地体焊出一钢筋至地面，钢筋头部可焊接一个镀锌螺栓或一根 3 毫米×30 毫米×200 毫米镀锌拉板，再用一根 2.5~4 毫米^2 铜导线用锡焊牢固连接在螺栓或拉板上，作为接地线引入户内。所有电器的保护地线都可以从此接入。

接地装置安装及接地电阻测量是一项技术性工作，最好请持有特种作业证书的专业人员进行或指导进行。

23. 雷雨天为什么不能看电视?

在农村地区，电视机遭受雷击的事件屡有发生，甚至电视机未开也会受到雷击。电视机遭受雷击后，轻则损坏电子元件，有时与电视机相连接的 DVD 影碟机、功放机也会一同被损坏，严重时还会影响到人身安全。雷电损坏电视机主要有三条途径：

（1）沿着电源线进入。家庭中交流电源线（220 伏）一般都经过架空电线引入室内。这样，离架空电线几百米附近的物体遭受雷击，架空线就能感应出几万伏的电压，而沿电源线进入电视机。

（2）沿着室外天线进入。电视机架设室外天线也易遭雷击，或附近物体受雷击使天线感应雷电，其电压可达几万至几十万伏，雷电沿天线进入电视机。

（3）直接进入室内。如一种球形雷能随气流进入室内，而损坏电视机。

强雷雨天气是一个短时的过程性天气，来势猛、损害大、范围广，所以，在强雷雨天来临时应关闭电视机，并拔掉电源和有线电视插头。电视机防雷注意事项见表 2-8。

表 2-8　电视机防雷注意事项

序号	注意事项
1	打雷时停止收看电视
2	将电视机电源切断

口　诀　雷击电视三路径，电源天线入雷电。
雷雨天气不开机，快拔电源和天线。

小常识

防雷小常识

（1）留在室内，关好门窗；在室外工作的人应躲入建筑物内。

（2）不宜使用电视机、音响等电器。

（3）切勿接触天线、水管、铁丝网、金属门窗、建筑物外墙，远离电线等带电设备或其他类似金属装置。

（4）减少使用座机电话和手机。

（5）切勿游泳或从事其他水上运动或活动，不宜进行室外球类运动。

（6）切勿站立于山顶、楼顶上或接近导电性好的物体。

（7）在旷野无法躲入有防雷设施的建筑物内时，应远离树木和桅杆。

（8）在空旷场地不宜打伞，不宜把锄头、铁锹、羽毛球拍等扛在肩上。

（9）不宜进入无防雷设施的临时棚屋、岗亭等低矮建筑。

（10）不宜开摩托车或骑自行车。

24. 使用电热炉和电熨斗等发热电器应注意什么问题？

常用的电热炉有开启式、半封闭式（如石英取暖炉）、全封闭式（电暖气）三种。各种电热炉尽管功率、形式不一，但构造原理是相同的，并且通电后温度均可达 700～1100 摄氏度，甚至更高一些。使用电热炉注意事项见表 2-9。

表 2-9　使用电热炉注意事项

序号	应注意的问题
1	周围不要放可燃物，更不要用电炉烘烤衣物或将衣物挂在电炉上方，电炉下方不要垫放木板，不要将电炉放在可燃盒子里
2	电炉通电使用时必须有人看管，若停电或用完后要及时断电
3	电炉耗电量大，应使用截面大小得当、绝缘良好的导线和合适的插座
4	电炉使用完后，要等温度下降后，再放在合适的位置，以防电炉余热引起燃烧

电熨斗引起火灾，主要是因为电熨斗长时间通电致使表面温度过高，使可燃物体迅速碳化燃烧。因此，使用电熨斗应该注意防火，其注意事项见表 2-10。

表 2-10　使用电熨斗注意事项

序号	应注意的问题
1	在熨衣物的间歇，要把电熨斗竖立放置或放在专用的电熨斗架上，切不可放在易燃的物品上，也不要把它放在下面有可燃物质的铁板或砖头上

续表

序号	应注意的问题
2	不随意乱放刚断电的电熨斗，要待它完全冷却后再收存起来
3	切勿长时间通电，以防电熨斗过热，而烫坏衣物，甚至引起燃烧
4	不要使电熨斗的电源插口受潮，并保证插头与插座接触紧密
5	电熨斗的功率较大，绝对不能与其他家用电器合用一个插座

口诀　电热器具发热快，四周远离可燃物。
通电必须有人管，使用完毕断电源。
自然冷却再收存，以免余热引燃物。

小常识

节电小窍门

使用电冰箱时，应尽量减少开关门的次数 ，缩短每次开门的时间。存放的食物不要太满，以便于冷气对流，保持冰箱内的温度均衡，热食品冷却后再放入冰箱保存。另外，冰箱应当置于凉爽通风处。

夏季换洗衣物较冬季频繁。积累足够的衣物再开洗衣机，可以避免为少量衣物而多次洗涤，这样可以节约电能。同时，衣物在洗涤之前适当浸泡可以缩短洗涤时间，并且洗涤时“强洗”比“弱洗”省电。

25. 带电移动家用电器有危险吗？

使用家用电器，一定要了解家用电器的电气性能。比如在移动家用电器时，一定要先断电后移动，否则容易损坏家用电器，甚至会引发触电事故。更不能带电维修家用电器，以免发生触电事故。

绝对禁止用拖导线的方法来移动家用电器。因为带电移动家用电器，万一电器外壳或电源线漏电，人就会发生触电事故，并且带电移动家用电器时难免会有些振动，很有可能使内部线路发生短路，因而损坏电器。关于农村的家庭用小水泵、脱粒机等临时用电设备，也是不准带电移动。把它们移到新地点之后，要先安装好接地线，并对设备进行检查，确认设备无问题后，才能开始使用。

口诀　移动电器先断电，移动之时别拖线。
带电搬动有危险，还是断电最保险。

小常识

电风扇节电小窍门

（1）要选购质量过硬的产品。由于风扇行业技术门槛低，市场上产品参差不齐，所以一定要选择知名品牌的产品，这样才能够保证质量。有些风扇全部采用全封闭的电动机和航空润滑油，这样，风扇运转时的摩擦才会更小，耗电量也就更少。

（2）风扇能直接将电能转化为动能，耗电量非常低，相当于普通台灯所耗的电量，因此，使用电风扇是盛夏时节节约能源的最佳选择。将风扇搭配空调一起使用，空调温度设定在 26～28 摄氏度，则省电又省钱。

（3）一般扇叶大的风扇，电功率就大，消耗的电能就多；电风扇的耗电量与扇叶的转速成正比，平时先开快挡，凉下来后多用慢挡，这样就可减少电风扇的耗电量了。在风量满足使用要求的情况下，尽量使用中挡或慢挡。

（4）在使用时，风扇最好放置在门、窗旁边，便于空气流通，提高降温效果，缩短使用时间，减少耗电量。

（5）平时注意风扇的维护，保持它的良好性能，避免风叶变形、震动等情况发生，这样，在一定程度上也有利于电能的节省。

26. 怎样给家中小孩讲安全用电?

现代家庭中电器越来越多，孩子接触电器的机会也越来越多。虽然聪明的孩子们，常常会自己学一些会操作，但是明智的父母一定要时刻注意用电安全，以身作则，并及早地教会孩子用电安全知识，学会自我保护。

（1）让孩子知道电源总开关的位置，学会在紧急情况下关断总电源。

（2）不要玩弄带电设备，插座、电线不乱碰。特别是不要用手或铁丝、钉子等金属制品去接触、探试电源插座内部。

（3）告诉孩子：当遇到有人触电时，应呼喊成年人相助。不要自己处理，绝对不允许用手去直接救触电的人，以防触电。

（4）对于5岁以上的孩子，可教给他们一些常用电器的使用方法，并允许孩子在成人的指导下使用。但必须告诉孩子：哪怕安装灯泡等简单的事情，也要先关断电源，并在父母的指导下进行。

（5）见到落地的电线要躲远，千万不能用手去捡。见到裸露的电线头，不能用手碰。

(6) 不要触摸或湿布擦拭正在使用的电器。例如，电视机开着时，不可用湿毛巾擦，防止水滴进机壳内造成短路，机毁人伤。

(7) 电视机等电器，当睡觉或不使用时应关闭电源；出门时，也要关闭电源。关闭电源不得直接拉电线将插头拔出，否则容易使电线的绝缘层受损造成漏电。

口　诀

家有孩子常教育，不玩电器不玩灯。
灯头开关和插座，小手不能去触摸。
插座插头没接通，千万不要自己动。
带电设备不能动，裸露电线不要碰。
遇人触电急呼救，不用手碰触电人。
安全用电多唠叨，用电事故可预防。

27. 农村“煤改电”有何好处?

“煤改电”是指将以煤炭为燃料的传统锅炉更换成以电作为能源的锅炉。我国有成熟的电网体系，这是现成的，“煤改电”只需要安装电力取暖设备即可。

电采暖锅炉主要有两种：一种是将普通煤锅炉更换为电锅炉；第二种是将煤锅炉和原采暖系统全部裁掉，改换电热膜或发热电缆等采暖设施。

通过“煤改电”，可以削减燃煤用量，能够在整体上减少大气污染物的排放，对区域的空气质量的改善起到积极有效的作用；同时可以缓解电力过剩，为清洁能源腾出发展空间。

农村实施“煤改电”的项目，可以享受国家政策支持和经济补贴。采暖电价按照峰谷时段收费不同，只要合理用电，节约用电，采暖用电的费用与之前烧煤球的费用基本相当！

口诀 燃煤取暖污染大，国家补贴煤改电。
电能取暖很环保，使用安全又方便。

随手记

28. 为什么明确规定“煤改电”禁用“直热式”电取暖？

直热式电暖器，是利用发热板或电阻丝（包括地板电热膜、地热缆等）直接电转热的电暖器，虽然热得快，勉强能满足农户的取暖要求，但耗能太多，电费太高；若使用不当，还容易出现人员烫伤、诱发火灾等安全隐患。因此，国家明确规定“煤改电”禁用“直热式”电取暖。

蓄热式电暖器，可以在每天夜间低谷电价时段通电加热6~7小时，将廉价的电能转换成热能，并存储起来；在当天其他17~18小时用电高峰时段，将储存的热量断电释放。这样，它既能利用低谷电价政策，又可以24小时持续向房间放热，达到了节省取暖费用的目的。绿色环保，有益身心健康。对居住面积较小的农户，冬季取暖推荐采用蓄热式电暖器。

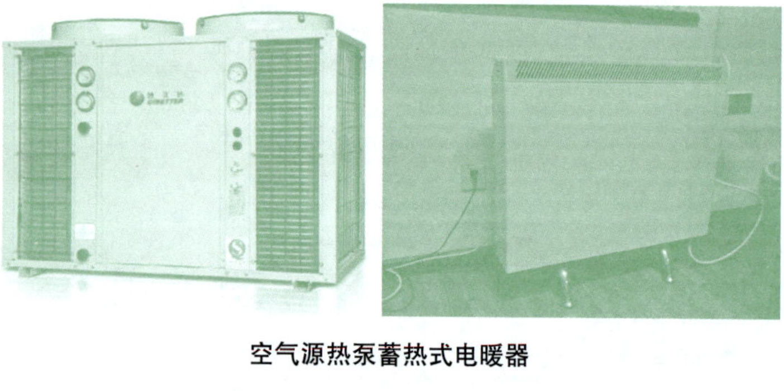

空气源热泵蓄热式电暖器

目前，空气源热泵机组已经具备了可满足房间、户式甚至大型商用建筑的完善产品体系。特别是空气源热泵热风型机组，具有系统简单、不怕冻、即开即停、精准供暖的特点，当属“煤改电”首选热源。

口 诀　利国利民煤改电，禁用直热电取暖。
蓄能式的电暖器，全天使用低价电。
空气源的热泵机，节能环保费用低。

随手记

第 3 章 生产安全用电常识

1. 为什么不能利用活树当电杆?
2. 雷雨天劳作应注意哪些事项?
3. 为什么说私拉乱接电气设备是违法行为?
4. 临时用电为什么要严禁用挂钩线、破股线和地爬线等?
5. 选择和使用农用机电设备应注意哪些问题?
6. 安装农用机电设备应注意哪些问题?
7. 农用水泵能带电进行修理吗?
8. 为什么不能在电力线下打井和在电线杆附近挖坑取土?
9. 船只、车辆从电力线下方通过时应注意什么问题?
10. 为什么不能私自用电网或高压工具狩猎野生动物?

1. 为什么不能利用活树当电杆?

有的人在临时用电时习惯用小竹竿或者活树枝来当电杆，这是非常危险的做法。如果线路砍青扫障不彻底，电线与活树的距离又太近，久而久之树枝摇晃就会把电线磨破，发生漏电、触电事故，特别是在阴雨天此类现象更是经常发生。

树上不能绑电线，树摇线断有危险。对于农忙抢收、婚丧嫁娶、红白喜事、修房建屋等场合的临时用电，一定要找专业电工进行规范操作，切不可自行把电线挂在活树上。因为在遇到风雨雷电时，容易被大风刮断线路或刮倒“电杆”；在儿童玩耍时，用力摇动树身也容易强力拉断电线。

口诀 家庭用电要规范，禁止乱拉临时线。
活树不能当电杆，树摇线断落地面。
若有行人经过此，脚踩断线要触电。
线路下面有活树，砍青扫障保供电。

电力法规

乡电管站的管理职责

《农村安全用电规程》规定，乡电管站在安全用电方面的管理职责如下：

（1）负责乡村电工的统一管理、组织培训及县电力部门委托的考核工作。

（2）负责辖区内用电设施的安装、验收、维护和安全运行等管理工作。

（3）负责组织辖区内安全用电知识的宣传和普及工作。

（4）负责辖区内人身触电伤亡事故和设备事故的调查和处理。

（5）制定年、季、月的反事故措施计划，组织开展安全活动。

（6）认真执行《农村低压电力技术规程》和《电力设施保护条例》等有关规定，保护电力设施。

（7）认真执行国家及电力部门有关安全工作的法规和预防事故的各项措施，努力完成县电力部门交给的各项任务。

（8）按上级规定建立健全有关安全工作的基础资料与工作制度。

（9）定期向县电力部门和乡政府请示报告安全工作。

2. 雷雨天劳作应注意哪些事项?

雷电是自然界大气中由雷云引起的火花放电现象，是雷云（带有电荷的云块）之间、雷云和大地之间的一种大气放电现象。雷电属于一种正常的大自然现象，只不过由于它电压极高，电流极大，因此具有很大的破坏性。发生雷电时的电流可达数万安培，甚至几十万安培。雷电的放电时间很短，一般只有50～100微秒（1微秒=1×10^{-6}秒）。因此，雷电的危及面是十分广泛的。

雷电对人类的危害，不仅在于能够损毁电气设备或者设施，而且还有可能导致人畜遭雷击伤亡，同时雷击更容易引起易燃物的燃烧和火灾。因此，在雷雨天气，千万不可走近高压电气设备以及高压电杆、铁塔、避雷针的接地线和接地体，也不可在大树下面避雨，以防发生触电事故。在农村地区，要注意加强对电气设备、家用电器、高大建筑物及房屋修建的接地接零保护措施的落实和管理，切实把雷电引入大地进行放电。这样才能有效地防止雷击事故的发生，确保家用电器和人身安全。

口 诀

雷云放电一瞬间，电压电流都极高。
电力杆塔立山坡，雷电袭击易中着。
雷电引入接地体，人畜靠近把雷招。

电力法规

用电设施的不定期巡视检查

《农村安全用电规程》中规定，对用电设施应做好不定期巡视检查工作。

（1）在农业生产用电高峰季节和重要节日，应增加巡视检查次数和夜巡次数。

（2）遇大风、雨、雪、雾、冰雹、洪水等恶劣天气，必须进行特殊巡视。对危及安全的线路和设备应采取暂停供电的应急措施。

（3）在事故停电和漏电保护器动作后，必须立即进行巡视检查，排除故障后方可恢复送电。

（4）在人身触电事故频发的季节，即夏秋大忙季节和冬春两季，要有组织地开展安全大检查工作。夏秋大忙季节，一般为 5、6、7、8、9 月，应以开展群众性的安全用电常识宣传教育为主，并开展百日安全活动。春季以排灌用电线路、设备检查和设备缺陷处理为主。冬季以防寒、防冻和设备大修改造以及设备检查评级为主。

（5）各企事业单位，应根据本单位的生产情况、安全情况确定安全大检查的时间。

3. 为什么说私拉乱接电气设备是违法行为？

《农村安全用电规程》明确规定，用电要申请，安装修理找电工，不准私拉乱接用电设备。私拉乱接电气设备是指违反电力安全管理规定，用户随便安装电线，任意增加用电设备的行为。在农村的少数村民安全用电意识淡薄，存在侥幸心理和麻痹思想，私拉乱接现象比较严重，不仅埋下了严重的安全隐患，而且成为各种安全事故的源头。

那么乱拉电线有哪些表现和危害呢？比如布线不用可靠的线夹，而用铁钉或铁丝绑扎，结果会导致绝缘层磨破而损坏电线。再就是不看电线粗细，任意增加用电设备，终因超负荷而使电线发热，后患无穷。在盖房施工、抽水灌溉、田间收割等活动中乱搭临时电线，不但可能造成线路短路，产生火花或发热起火，影响其他村民的正常用电，甚至还可能引起触电伤亡事故。

用电之前先申请，私拉乱接绝不行。私拉乱接电气设备是一种违法行为。电力部门有权责令村民限期拆除生活用电当中的私拉乱接的电气设备，并对村民生活用电以外的私拉乱接行为，可现场停电后再依据相关法律法规进行处理。

口诀　随便安装埋隐患，私拉乱接引灾难。
村民用电乱接线，违法行为不要干。

小常识

家庭安全用电防范技巧（一）

（1）进行电气操作时，只能使用带有绝缘层的电工钳，且保证电工钳绝缘符合要求。

（2）对保险丝盒或断路器盒进行操作时，请站在干燥的板子或木制平台上。同时，应使用木制活梯来代替铝质活梯，以尽可能降低操作电线时触电的危险。

（3）通过确定家中各个插座的供电电路，然后绘制或打印这些信息并贴到断路器或保险丝盒中，这样可以节省维修的时间。

（4）家庭电气系统正确接地对于安全用电至关重要。因为电流总是沿着电阻最小的路径流动的，如果电气设备或其他电气部件没有接地，那么这条路径可能就是人体。

4. 临时用电为什么要严禁用挂钩线、破股线和地爬线等？

农网改造后，一排排整齐的电杆，银光闪闪的导线，错落有致的拉线，已成为农村一道靓丽的风景。可是，与之形成鲜明对比的却是，有些人在农村修房建屋、红白喜事、农忙时节等临时用电时，还是用人工自制的木杆、竹竿当电杆，导线则是由小截面的纯铝线、劣质再生线或破股线组成；更有部分村民把临时用电线放在地上（俗称地爬线），还有的私自将临时电线钩到外线上（俗称挂钩线）。这些违章用电行为，存在极大的安全隐患。

临时用电应先申请，待批准后才能请专业电工进行电气设备的接线及安装工作，并根据有关装置技术规程进行操作。临时电线要架高，千万不能顺地爬。如果让一些不懂电的人去做，或者不按有关装置技术规程乱拉乱接电线，那么就会为安全用电埋下许多隐患，很容易发生触电事故。

口诀 临时用电先申请，批准之后再布线。
临时电线要架高，千万不能地爬线。
挂钩接电属偷电，电线破股易触电。

小常识

家庭安全用电防范技巧（二）

（1）家里的每一个人都应知道在哪里以及如何关闭总开关，出现危急情况时可以及时切断整个电路。

（2）如果电和水有可能相互接触，在总开关关闭之前请不要与水接触。

（3）除非使用万用表或通过拉保险丝或断开插头等方法确定没有电，应始终认定电气插座或电气设备是通电的。

（4）电气设备的金属框架可能会对您和您的家人造成安全危害。当电源线的绝缘层恰好在电线引入金属框架处磨损时，如果金属导线与金属框架接触，就会导致整个电气设备带电。触摸电气设备就会触电。

（5）家庭电气系统中还有许多其他地方可能会引起导体或金属相互接触，这些地方也是安全隐患。请确保检查、维护和修理电线进入金属管路（线管）的位置、电线进入电灯或灯具的位置以及墙内电缆进入接线盒的位置。这些位置的表面不得存在可能导致擦破电线或损坏绝缘层的磨损，而垫圈和套管可以在这些入口位置保护电线。但是，最好是确保整个系统接地并且接地电路保持连续没有任何中断，这样才能确保电气系统的安全。

（6）在必要时，要毫不犹豫地给专业电工打电话。

5. 选择和使用农用机电设备应注意哪些问题?

近年来，农用机电新设备不断推出，电力能源获得了更为广泛的应用。像脱粒机、碾米机、磨面机、打谷机、抽水机等农用设备都是以电动机为动力的。基于这样的现实情况，选择和维护农用机电设备应注意以下问题：

（1）选用合适的电动机。农用机械的工作环境千差万别，例如粉碎机械的使用环境是粉碎的农作物秸秆四处飞扬，水泵的使用环境是滴水和溅水造成的多水环境……为了保证安全作业，必须根据工作环境选择具有适当防护形式的电动机。如在恶劣环境或户外，宜选用封闭式电动机；在易燃易爆的环境，宜选用防爆式电动机；在有滴水或溅水的环境，宜选用防护式电动机。

（2）农副产品加工机械及排灌机械的金属外壳必须有可靠的接地装置。

（3）对农机具应定期进行检查和修理，如检查线头是否松动或脱落等。

（4）应经常清除农机具外部的灰尘和油污等，特别是清除电动机散热装置内的灰尘，确保电动机的散热状况良好。

（5）使用农机具时，必须严格按照用电规则办事。使用农副产品加工机械和排灌机械，严禁擅自私拉乱接动力线到电器设备上，也不得为图省事而使用地爬线。

（6）一旦发生异常情况，应立即进行检查，当故障排除后才能继续工作。要特别注意不得带电移动和检修农用机电设备。

（7）注意用电安全。在农用机电设备工作时，必须由专职电工或机手看守，不要让闲人（特别是儿童）靠近。

口诀　农用机电要安全，金属外壳须接地。
设备工作专人守，不让闲人围机器。

小常识

家庭安全用电防范技巧（三）

（1）把好产品质量关。所有的电源设备，如导线、闸刀开关、漏电保护器、插头、插座，以及家庭用电设备都要选用国家指定厂家生产，并经技术质检合格的产品，不能图便宜而买假冒产品。

（2）要养成良好习惯。做到人走断电，停电断开关，触摸壳体用手背；维护检查要断电，并注意断电要有明显断开点。

6. 安装农用机电设备应注意哪些问题?

近几年来，各种各样的农用机械已广泛进入农民家庭和农业生产组织，特别是以电动机作为动力的机电设备越来越多。那么，安装农用机电设备应注意哪些事项呢?

（1）按照规章制度办理报装手续。无论是安装电动机、脱粒机，还是安装水泵等农用机电设备，在安装之前都要向供电部门申请，办理报装手续后再找电工安装。

（2）在安装农用机电设备之前要进行仔细检查。主要检查机电设备是否能正常使用，特别是电动机的绝缘是否良好，电源线的绝缘层是否有破损。如果有问题就要及时进行修理，修好后才能安装，绝对不能凑合着用。

（3）注意检查农用电动机和起动设备的金属外壳是否有可靠接地或接零。按照我国《低压用户电气安装规程》的规定，农村的用电设备应该采取保护接地措施。

（4）农用机电设备的安装基础应牢固，螺栓应拧紧，轴承应不缺油，电动机接线应符合要求。

（5）控制刀闸应符合要求，保险丝的选择要符合规定，千万不能用铁丝或铜丝代替保险丝。

（6）严格按照规程安装农用水泵。首先，水泵底座要牢固，并尽量缩短吸水管的长度。其次，进水管路应密封可靠。底阀与胶管用保险绳索系牢。水源为渠道水时，底阀应高于水底 0.5 米以上，且加网防止杂物进入泵内。第三，在机泵皮带传动时，皮带的紧边应在下，以提高传动效率。水泵叶轮转向应与箭头方向保持一致。

（7）农用机电设备的用电线路要符合规范，不得使用地爬线、挂钩线。

口 诀　设备基础应牢固，电气接线合规定。
控制装置要求高，保护接地不能少。

小常识

家庭安全用电防范技巧（四）

（1）不超负荷用电。家庭使用的用电设备总电流不能超过电能表和电源线的最大额定电流。

（2）安装漏电保护器。家庭用电一定要在自家电能表的出线侧安装一只漏电流过电压双功能保护器，以便在家电设备漏电、人身触电、供电电压太高或太低时自动跳闸切断电源，保护人身和设备的安全。

（3）安装布线符合要求。电源插座、灯头、开关等安装高度应符合国家规定要求。

（4）暂时用电线应请专业电工按规定敷设，用完后应立即拆除。

（5）不能用信号传输线代替电源线；不能用医用白胶布代替绝缘电工胶布。

7. 农用水泵能带电进行修理吗？

近年来，我国农村广泛采用的农用水泵（抽水机）包括离心泵、轴流泵、潜水电泵、混流泵等，不过根据用途不同可分有两种，即灌溉用水泵和生活用水泵。

由于水泵的工作环境相对特殊，因此其故障率也比较高。农用水泵的故障大致有电动机方面的故障和水泵方面的故障，其常见故障有：水泵不出水，水泵出水少，水泵内部声音反常，轴承过热及水泵振动大，电机发热，耗功大等。

水泵出现故障后，无论是什么类型的故障，在没有断开电源之前，村民不要自己去修理，应请专业电工进行维修。由于线路可能存在漏电现象，因此在水中的水泵很容易带电。如果带电修理水泵，那么当人接触设备时就有触电的危险。

对于水泵因为进水底阀被杂草堵塞，管路漏水、漏气等原因造成的简单故障，村民是可以自己解决的，前提是在断电后再进行处理。无论什么情况，都千万不要带电去修理水泵，以免发生触电事故。

口 诀　水泵一端在水中，维修岂能不断电。
万一水泵有漏电，发生触电后悔晚。

名词解释

电能与能源

电能是通过一定的技术手段从其他能源转换而来的能源。

人类利用的能源包括已开采出来可供使用的一次能源和经过加工或转换的二次能源。能源还可分为可再生能源与非再生能源。可连续再生、永久持续利用的能源，如水力、风能、潮汐能和太阳能，均称为可再生能源；而经过亿万年演化形成的、短期内无法恢复的能源，如煤、石油、天然气等称为非再生能源。电能属于二次能源。

自然界存在的能源资源，通过相应的技术都可转换为电能。目前，用于发电的主要能源是煤、石油、天然气、水力、风能、潮汐、地热、太阳能、核能和生物质能。在技术经济可行的情况下，应首先考虑利用可再生能源发电，以减少污染，造福人类。

电能是一种便于集中、传输、分散、控制和转换成其他形式的能源，它的利用已遍及国民经济和人民生活的各个方面，成为现代社会的必需品。同时，电能又是使用方便、清洁的能源。因此，世界各国都尽可能地将各种能源转换成电能再加以利用。

8. 为什么不能在电力线下打井和在电线杆附近挖坑取土？

保护电力线及其他电力设施，是我们每一个村民的义务和责任。在日常农业生产活动中，若在电线杆附近挖坑取土，则有可能直接或间接地影响电力杆塔的稳固性，致使电力杆塔倾斜甚至倒杆。在平整土地或开挖土方时，如果遇到电杆和电杆拉线则应当格外小心。为防止电杆倾斜和拉线松动引起倒电杆现象，在电杆和拉线周围的基础最少要留 3 米以上的土方。

在电力线下不准打机井，以防止发生触电事故。因为打机井时立起的井架有可能碰触电力线，因此在电力线下是不准打机井的。在电力线路附近开山放炮、采石也是不允许的，因为放炮时产生的乱石有可能把电杆、拉线以及电力线炸伤和炸断，其结果往往会造成人身触电和大面积停电，其后果是非常严重的。如果因为工程需要必须要在电力线下面筑路修渠时，事前要向电力部门申请迁移杆线；如果需要在电力线路附近放炮，事前要向电力部门办理停电手续。

口诀　电线安全最重要，五个不准要记牢。
电线附近不打井，放炮采石也禁止。
靠近电杆不挖土，工程放炮要报批。

小常识

电饭煲省电小窍门

现在市面上的电饭煲分为两种：一种是机械电饭煲，另外一种是电脑电饭煲。使用机械电饭煲时，电饭煲上盖一条毛巾，注意不要遮住出气孔，这样可以减少热量损失。当米汤沸腾后，将按键抬起利用电热盘的余热将米汤蒸干，再摁下按键，焖 15 分钟即可食用。电饭煲用完后，一定要拔下电源插头，不然电饭煲内温度下降到 70 摄氏度以下时，就会自动通电，这样既费电，又会缩短其使用寿命。

尽量选择功率大的电饭煲，因为煮同量的米饭，700 瓦的电饭煲比 500 瓦的电饭煲要省时间。电脑电饭煲一般功率较大，在 800 瓦左右，从而节能，但价格稍贵。

9. 船只、车辆从电力线下方通过时应注意什么问题？

船只从电杆跨河线下面通过时，应提前放下桅杆，以免桅杆撞断电线，造成触电事故。

汽车、拖拉机载货时，千万不要超高。车载高度不适当，一旦碰线起火则后患无穷。马车通过电力线下面时，不得扬鞭。

拖拉机在田间作业时，在驶向杆塔和拉线时要减速，遇到杆塔时要绕行，千万不要怕麻烦。要注意别碰撞地里的杆塔以及杆塔的拉线，以免将杆塔拉线撞断撞松引起杆塔倾斜，从而造成电线相碰而短路。

同时要注意，在杆塔较多和拉线较多的地段，机耕作业最好在白天进行。如果在夜间作业，应在杆塔拉线上做出醒目的标志，必要时派专人看守和指挥。

口诀　电力线下船只过，放下桅杆才安全。
车辆载货莫超高，马车通过别扬鞭。
田间作业避杆塔，防止触电酿祸端。

电力法规

电力线路设施的保护范围

国家《电力设施保护条例》规定，电力线路设施的保护范围包括以下几部分。

（1）架空电力线路：杆塔、基础、拉线、接地装置、导线、避雷线、金具、绝缘子、登杆塔的爬梯和脚钉，导线跨越航道的保护设施，巡（保）线站，巡视检修专用道路、船舶和桥梁，标志牌及附属设施。

（2）电力电缆线路：架空、地下、水底电力电缆和电缆联结装置，电缆管道、电缆隧道、电缆沟、电缆桥，电缆井、盖板、人孔、标石、水线标志牌及附属设施。

（3）电力线路上的变压器、电容器、断路器、刀闸、避雷器、互感器、熔断、计量仪表装置、配电室、箱式变电站及附属设施。

10. 为什么不能私自用电网或高压工具狩猎野生动物?

2006年10月15日中午，村民余某外出放牛途经彭湾坝西南边时，被张某设置的电网电击而死。2007年2月，老河口市人民法院以危险方式危害公共安全罪，一审判处张某有期徒刑10年。事情经过是这样的，湖北省老河口市张集镇农民张某为防止坝里的鱼被偷，就私自架设了电网。张某明知彭湾坝边经常有村民洗衣、洗澡、过往，而不顾村民人身安全，在钢丝上接通电源，因而导致了悲剧的发生。

《农村低压电气安全工作规程》规定：严禁私设电网防盗、捕鼠、狩猎和用电捕鱼。

（1）私设电网是一种严重危害社会安全的行为。我国的相关法律法规都做了明确的限制性规定，禁止单位或个人未经相关职能部门批准私自架设电网，否则，造成严重后果的将依法追究其法律责任。

（2）私设电网也是一种危险方法，其侵犯的对象是不特定多数人的生命健康安全。特别是在公共场所私设电网，其侵犯的客体是公共安全，这种行为无论是主观方面还是客观方面，都符合以危险方式危害公共安全罪的构成要件。

在一些山区农村，私拉电网狩猎的现象时有出现。有的村民在农田周围及树林中，私拉数百米乃至上千米长的电网，美其名曰是狩猎破坏庄稼的野生动物，其实这种行为造成了巨大的安全隐患。有的村民非法购买使用高压电网狩猎工具，利用升压器将电压升至3000伏以上，据悉在3000伏电压线一米以内的野生动物，只要碰上，无一幸存。

由于私拉电网大多采用挂接室外电线的做法，且布线利用裸铁丝、位置低，不易发觉，不仅对供电线路的安全运行造成危害，更重要的是对群众的生命安全造成极大威胁。

私拉电网捕猎是违法行为，稍有不慎就会发生电网伤人、伤畜，甚至引发森林火灾等严重安全事故。为了他人和自身安全，保护野生动物资源，切勿违法使用禁用工具非法捕猎。

《治安管理处罚法》规定：未经批准安装使用电网或者安装使用电网不符合安全规定，处五日以下拘留或五百元以下罚款；情节严重的，处五日以上十日以下拘留，可以并处五百元以下罚款。

《刑法》规定：以其他危险方法（私拉电网和使用高压工具狩猎属于此类情形）危害公共安全的，给不特定的他人生命财产造成危险的，足以危及公共安全的，即使没有造成损害后果，也构成以危险方法危害公共安全罪。过失犯罪的，处 3 年以上 7 年以下有期徒刑；情节较轻的，处 3 年以下有期徒刑或者拘役。

口诀　私拉电网属违法，用电捕鱼危害大。
危及公众的安全，触犯法律要受罚。

小常识

如何选购节能灯

用节能灯来代替白炽灯是一种发展趋势，对普通老百姓来说，也是一种节省电费的好途径。但是由于市场上存在大量伪劣商品，要想真正实现“既节电又省钱”的愿望，选购节能灯也是至关重要的，那么，选购节能灯时应注意哪些问题呢？

（1）产品信息检查。注意查看产品标识是否齐全，正规产品一般都标准有注册商标、厂名、厂址、联系电话等。应选购有“三包”承诺的产品。

（2）外观检查。质量好的节能灯外表光洁，无气泡，灯管内的荧光粉涂层也细腻，无颗粒，呈均匀白色；灯头与灯管应呈垂直状态，不应有倾斜；灯头与电源的接触面应平整。

（3）通电检查。开灯 5 秒后，再关 55 秒，观察灯丝发黑发黄的情况，一般无黑黄的节能灯较好。此外，还可观察灯管在通电瞬间的发光情况。正常情况下，灯管发光先有点暗，几秒后突然变得很亮，这样的灯管比一通电立刻就变得很亮的灯管使用寿命更长。

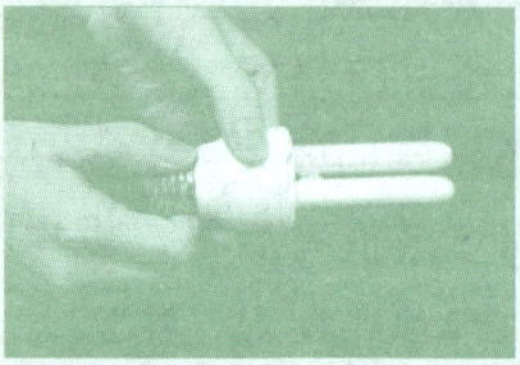

• 动手体验节能灯的质量

优质节能灯的光线完全与白炽灯一样，给人以一种舒适的感觉，如果直视灯泡会感到刺眼。劣质或者假冒产品则不具有这样的特点，所发的光像蒙了一层灰一样，光色让人不舒适，在这种光的照射下，颜色会失真，直视灯管也不会有刺眼的感觉。

（4）动手体验质量。顺时针或逆时针方向旋转灯头，观察灯头与灯体是否有松动，并用手摇晃节能灯，若灯管与塑料件之间连接牢固就不会有响动。

第 4 章　触电急救常识

1. 为什么有的触电者有电伤而有的则没有？
2. 为什么抢救触电者必须争分夺秒？
3. 可以直接用手拖拽触电者脱离电源吗？
4. 脱离电源后可以让触电者躺在原地等待救助吗？
5. 触电者停止心跳还用抢救吗？
6. 采用口对口人工呼吸法抢救时，为什么要捏住触电者的鼻子？
7. 怎样用胸外按压恢复触电者的心跳？
8. 在急救现场可以给触电者服药打针吗？

1. 为什么有的触电者有电伤而有的则没有?

电流通过人体对人体和内部组织的损伤分为电击和电伤两种。尽管85%以上的触电死亡事故是由电击造成的，但其中大约有70%是含有电伤成分的。在触电伤亡事故中，电烧伤约占40%。

电击是指电流通过人体后，人体内部组织受到较为严重的损伤。电伤则会使人觉得全身发热、发麻，肌肉发生不由自主地抽搐，并逐渐失去知觉。如果电流继续通过人体，将会使触电者的心脏、呼吸机能和神经系统受伤，直到停止呼吸，心脏停顿而死亡。电伤则是指电流对人体外部造成的局部损伤。电伤从外观上看一般有电弧烧伤、电烙印和熔化的金属渗入皮肤（称皮肤金属化）等伤害。

无论是电击还是电伤，对触电者的身体都是有危害的。当人触电后，由于电流通过人体，或产生的电弧把人体烧伤，严重的时候都会造成人体死亡。

口 诀

电流损伤人身体，分为电击和电伤。
电击外表无损伤，内部组织会受伤。
电伤一看便知晓，不比普通的烧伤。
平时用电多留意，安全用电不受伤。

电力法规

《电力设施保护条例》规定，造成农村人身触电伤亡事故，属下列情形之一者，由其本人负主要责任：

（1）私自攀登变压器台、电杆或摇动拉线造成的触电。

（2）家用电器、照明设备失修造成的触电。

（3）私拉乱接或其他违章用电造成的触电。

（4）在电力线路下面盖房、打井和从事其他劳动，误触合格的电力设备造成的触电。

（5）违章作业造成的自身触电。

（6）利用电力进行自杀而造成的触电。

属下列情形之一者，由肇事者负全部责任：

（1）利用电力谋害他人所造成的触电。

（2）盗窃或破坏电气设备、器材；盗窃或破坏国家、集体和个人财物造成的触电。

（3）私设电网造成的触电。

（4）私拉乱接用电设备造成的触电。

（5）利用职权违章指挥造成他人触电。

（6）电工违章指挥造成他人触电。

（7）汽车、马车、拖拉机等撞击电力设备造成的触电，机动车超高、超宽致使安全距离不够造成的触电。

（8）私自向停电线路上送电造成的触电。

2. 为什么抢救触电者必须争分夺秒?

随着家用电器的普及，家庭触电事故时有发生。在日常生活中，像电器开关漏电，电线年久未修，违章布线等因素是引发人身触电的重要原因。

一般来说，触电程度的轻重不同，其表现出来的症状也不同。轻者只有局部四肢麻木、面色苍白，个别人会发生晕厥；重者会出现意识不清、心跳加快、呼吸变慢，甚至死亡。有些电烧伤者，其烧伤部位会发白或发黑。

对触电者急救越及时，救治效果就越好。因此，当发现有人触电后，首先要切断电源，然后尽快采取正确的急救办法。

表 4-1　　急救时间与救治效果

开始急救时刻	救治效果
1 分钟	90% 有良好效果
6 分钟	10% 有良好效果
12 分钟	救活的可能性极小
超过 15 分钟	触电者死亡

从表 4-1 可知，对于触电者，争分夺秒就地及时抢救是至关重要的。如果延误急救时机，死亡率是很高的。现场抢救的八字原则是：

迅速、就地、准确、坚持

可以边急救，边呼叫 120，即便是在送往医院的路上也不要停止抢救。

口 诀　争取时间是生命，争分夺秒要做到。
就地及时来抢救，一分钟内效果好。
医务人员未来到，现场抢救坚持搞。

3. 可以直接用手拖拽触电者脱离电源吗?

发现有人触电后，在未采取绝缘措施前，救护人员不得直接用手接触触电者的皮肤和潮湿衣服，以免引起抢救人员自身的触电。让触电者脱离低压电源的方法可用“拉”“切”“挑”“拽”“垫”五个字来概括（见表4-2）。

表 4-2　　触电者脱离低压电源的方法

方法	操作方法及注意事项	图　示
拉	就近拉开电源开关。但应注意，普通的电灯开关只能断开一根电线，有时由于安装不符合标准，可能只断开了零线，而不是断开了电源，因此人身触及的电线仍然可能带电，不能认为已切断电源	
切	当电源开关距触电现场较远，或断开电源有困难时，可用带有绝缘柄的工具切断电源线。切断时应防止带电电线断落触及其他人，而发生触电事故	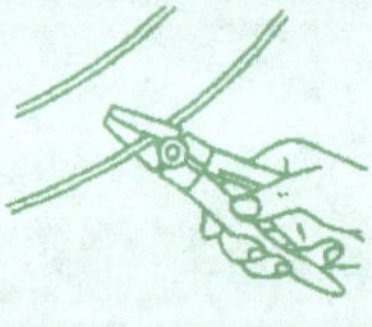
挑	当电线搭落在触电者身上或被压在身下时，可用干燥的木棒、竹竿等挑开电线，或用干燥的绝缘绳套拉开电线或触电者，使触电者脱离电源	

续表

方法	操作方法及注意事项	图　示
拽	救护人员可戴上手套或在手上包缠干燥的衣物等绝缘物品拖拽触电者，使之脱离电源。如果触电者的衣物是干燥的，又没有紧缠在身上，不至于使救护人员直接触及触电者的身体时，救护人员才可用一只手抓住触电者的衣物，将其拉开脱离电源	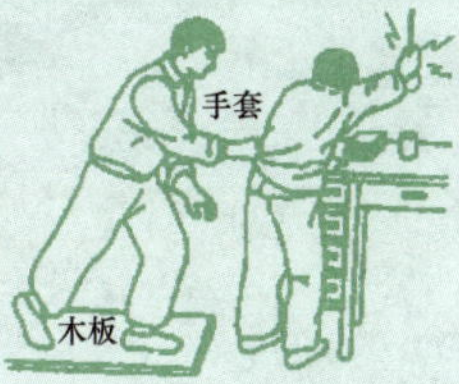
垫	如果触电者由于痉挛而使手指紧握电线，或者电线紧缠在其身上时，可先用干燥的木板塞进触电者的身下，使其与地面保持绝缘，然后再采取其他办法切断电源	—

口诀　发现触电莫慌乱，迅速断电是关键。
断电措施要恰当，拉断开关挑电线。
万不得已将人拉，施救人员要绝缘。
不要直接将人拽，救人不成己触电。

前车之鉴

触电急救忌蛮干

两名男青年使用自制的捕鱼器乘小船捕鱼，在使用的过程中捕鱼器发生了故障，瞬间产生的电流将二人击倒并致二人落水。村民发现后立即拨打 120，并在去医院的路上将两人转到急救车上。在急救车上，医生经过检查发现：二人的生命体征已经完全消失。经过一系列的抢救，两人终因伤势过重死亡。

120 急救人员介绍，发现有人触电时，不能盲目抢救。首先应该使触电者马上脱离电源，对其进行胸外按压并进行人工呼吸。而对于溺水的患者要空出胸腔里的水，实行胸外按压，口腔偏向一侧，使其顺利排出异物，并通过拍背、人工呼吸等方式进行抢救。

随手记

4. 脱离电源后可以让触电者躺在原地等待救助吗？

在触电事故中，当触电者脱离电源后，应尽量将其移至通风干燥处仰卧，松开衣领和裤带让其呼吸道畅通。对受伤者的急救应分秒必争，千万不能等救助医生到来后再施救。在医生未到达现场前，应采取措施进行现场急救。

对于神志清醒，呼吸、心跳均自主者，应让触电者就地平躺，严密观察，暂时不要他站立或走动，防止休克。若发现呼吸、心跳停止时，应立即就地抢救。一般可根据情况采用口对口的人工呼吸法或心脏胸外挤压法进行急救，有时也可两种方法同时采用，具体方法详见本章后面的介绍。

发生呼吸、心跳停止的触电者，病情都非常危重，这时应一边进行抢救，一边紧急联系 120 或 999，就近送触电者去医院接受进一步治疗。在转送触电者去医院途中，抢救工作也不能中断。

口诀

伤者脱离电线后，迅速移至安全点。
就地及时来抢救，方法针对症状选。
坚持救护不歇气，直到医护员接替。

小常识

触电急救注意事项

（1）动作要快，尽量缩短触电者带电时间，缩短触电者心脏停止心跳和呼吸中止时间。

（2）在帮助触电者脱离电源时，应注意防止触电者被摔伤，防止自己触电和事故扩大。

（3）运用正确的口对口（鼻）人工呼吸和胸外心脏按压法对触电者进行抢救，不得轻易中止抢救，即使在将触电者送医院途中也不得中止抢救。

（4）不可对触电者轻易注射肾上腺素（强心针）。任何药物都不能代替及时有效的人工呼吸和胸外心脏按压法抢救。人工呼吸和胸外心脏按压是第一位的，也是最基本的急救方法。对尚有心脏跳动的触电者不得使用肾上腺素。只有当触电者经过人工呼吸和胸外心脏按压急救并用心电图仪鉴定心脏确已停止跳动，又备有心脏除颤装置的条件下，才可以注射肾上腺素。

（5）对于触电者在触电时同时发生的外伤，应根据不同情况酌情处理。对不危及生命的轻度外伤，可以放在触电急救之后处理；对严重外伤，应与人工呼吸和胸外心脏按压同时处理。

5. 触电者停止心跳还用抢救吗?

对于呼吸、心跳均停止的触电者，不能认为他已经死亡了，因为触电者往往有假死现象。此时，应立即采用心肺复苏法进行抢救。

心肺复苏法是指对心跳、呼吸突然停止的触电者，他人采取措施使其恢复心跳、呼吸功能的一种紧急救护法，主要包括气道畅通、口对口人工呼吸、胸外心脏按压等三项基本措施。

心肺复苏法的步骤按照 A、B、C 的顺序进行。

心肺复苏法的步骤

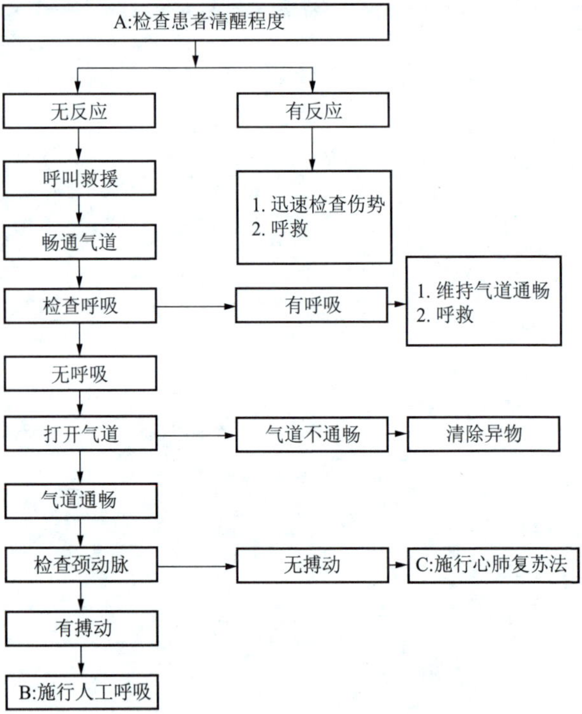

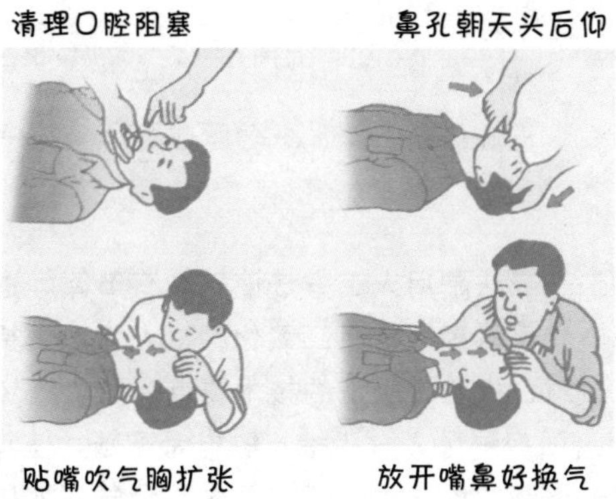

● 判断气道是否畅通

“坚持”是抢救触电者所遵循的原则之一，只要有百分之一的希望，就要尽百分之百的努力去抢救。曾有触电者经过 4 小时或更长时间的心肺复苏法而苏醒过来的案例。

口 诀　触电昏迷是假死，不比一般生病人。
恢复呼吸和心跳，十万火急赶快行。
心肺复苏三基本，畅通气道要先行。
呼吸暂停口对口，心跳停止压胸庭。
两种方法来轮流，掌握节拍交替行。

急救十戒

一戒惊惶失措；二戒舍本逐末；三戒草率从事；四戒乱用药物；五戒一律平卧；六戒乱服通便药；七戒错误止血；八戒忽视破伤风；九戒还纳脱出物；十戒动作缓慢。

6. 采用口对口人工呼吸法抢救时，为什么要捏住触电者的鼻子？

口对口人工呼吸法是用人工方法使气体有节律地进入肺部再排出体外，使触电者获得氧气排出二氧化碳，人为地维持其呼吸功能的方法。采用口对口人工呼吸法的技术要点有两个：

（1）操作者腰旁侧卧，一手抬高触电者下颌，使其口张开。用另一只手捏住触电者的鼻子，保证吹气时不漏气。如果不捏住触电者的鼻子，吹的气就会从鼻子中出来，影响吹气效果。

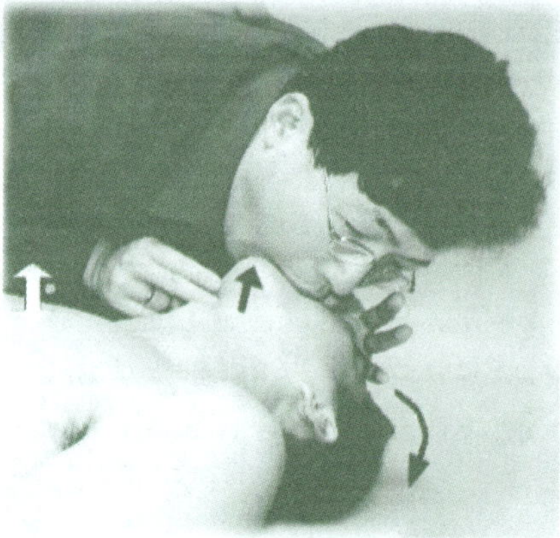

（2）掌握好吹气速度，对成人是吹气 2 秒、停 3 秒、5 秒一次。成年人每分钟 12～16 次，对儿童是每分钟吹气18～24 次，触电者嘴不能掰开时，可进行口对鼻吹气，方法同上，只是要用一只手封住嘴以免漏气。

口 诀 伤员仰卧平地上，解开领扣松衣裳。
张口捏鼻手抬领，贴嘴吹气看胸张。
张口困难吹鼻孔，五秒一次吹正常。
吹气多少看对象，大人小孩要适量。

小常识

急救小窍门

在日常生活中，意外伤害很难避免，有时也难以预料。当意外发生时，如果身边没有医用急救物品，就会错失急救的良机。其实，只要开动脑筋，完全可以因地制宜。这里教你几招，到时不妨一试。

（1）长筒袜：可在应急处理时作绷带用。

（2）领带：在骨折时，可固定夹板或当止血带用。

（3）干净浴巾：可作三角巾或厚敷料用。

（4）手帕、手巾：用电熨斗充分熨烫或在湿的情况下用微波炉高火消毒，可作消毒敷料用。

（5）杂志、尺、厚包装纸、伞、手杖：在骨折时可作夹板用。

（6）保鲜膜：除去表面几圈后，可直接覆盖在破溃的创面上，起暂时保护作用，保鲜袋也可起类似作用。

7. 怎样用胸外按压恢复触电者的心跳?

急救者可通过触摸触电者的颈动脉和股动脉有无搏动，以确定其心跳是否存在。一旦断定心跳消失，应立即进行胸外按压。

胸外按压的方法：急救者的手掌掌根置于触电者胸骨下 1/3 处，按压时，急救者双肩应在胸骨上方，垂直向下压，按压与放松时间应相等。每分钟按压频率为 60～70 次，胸骨下陷 3～4 厘米。

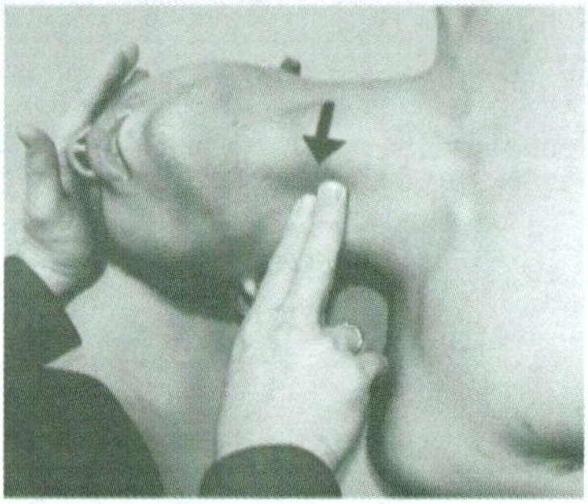

• 检查颈动脉，判断有无心跳

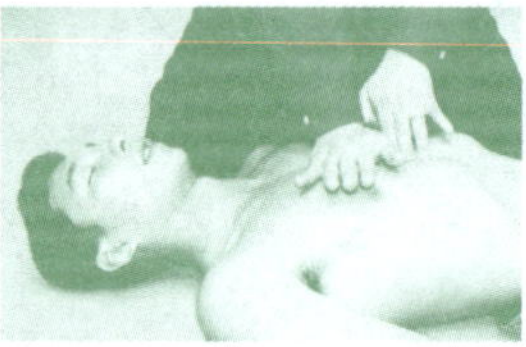

• 寻找按压的位置

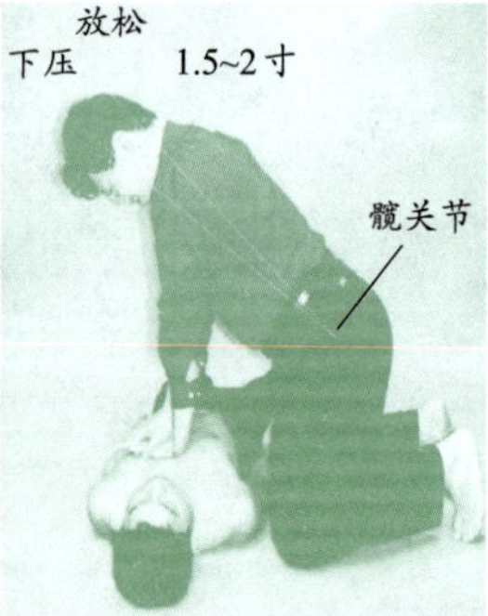

• 按压方法

在进行心脏按压的同时，还可进行人工呼吸。一般做 30 次胸外心脏按压，做 2 次人工呼吸。也可以心脏按压和人工呼吸同时进行。

以上急救，一定要坚持到医护人员到达，并接替救护后才能停止。

口诀　心跳停止可复苏，胸外按压方法妙。
胸骨两指加一掌，按压找点很重要。
救者跪在病人侧，两掌相叠按压处。
支点选用髋关节，垂直下压控好度。
压陷尺度用厘米，正常成人三至五。
弱者儿童酌情减，到位提身胸壁复。
掌根下压稍冲击，突然放松手不离。
按压节拍掌握好，每秒一次较适宜。
检查颈脉有微动，坚持操作没问题。

小常识

在转送触电者去医院前，应充分利用通信手段，与有关医院取得联系，请求做好接收触电者的准备，同进度对触电人员的其他合并伤，如骨折、体表出血等作出相应处理。

移动触电者或将触电者送医院时，应让触电者平躺在担架上，并在他的背部垫一块平硬宽木板，同时还应继续抢救，并做好保暖工作。

8. 在急救现场可以给触电者服药打针吗?

人工呼吸和胸外按压是两种基本的急救方法，任何药物都不能代替人工呼吸和胸外按压。

没有必要的诊断设备及条件，没有足够的把握，不得乱用肾上腺素。多年来的实践证明，在触电现场急救时，凡是向触电者注射肾上腺素等药物的，均没有救活触电者。

对于与触电同时发生的外伤，应分别情况进行酌情处理。对于不危及生命的轻度外伤，可放在触电急救之后处理。对于严重的外伤，应与人工呼吸和胸外挤压同时处理。如伤口出血，应进行止血处理。为了防止伤口感染，最好也要进行包扎。

口 诀 药物不能代急救，没有把握别乱用。
外伤出血严重时，包扎止血要及时。

案例分析

对一起人身触电事故的法律运用

某年9月，七岁的李某，同其母亲一起到责任田割草时，爬上380伏电线杆被电击，双手致残。同年11月，李某将所在县电业局、村委会起诉至人民法院，请求赔偿的理由是现场没有设置警示标志，被告的电线杆存在缺陷，如扁柱形、有台阶，可以徒手攀登。

对此案如何使用《关于审理触电人身损害赔偿案件若干问题的解释》（以下简称《解释》）认定各方责任，有五种不同的意见：

第一种意见认为，根据《中华人民共和国民法通则》（以下简称《民法通则》）第123条，该县电业局因从事高度危险作业，应承担高压作业人的无过错赔偿责任。

第二种意见认为，根据《解释》第二条，村委会作为产权人使用有缺陷的供电设施，且维护管理不到位，引发受害人攀登电线杆触电受伤，应承担过错赔偿责任。

第三种意见认为，根据《中华人民共和国电力法》（以下简称《电力法》）和《解释》第二条，电业局作为监督管理部门，不设置警示标志，且监督管理不力，是引发受害人攀登电线杆触电受伤的原因之一，应与产权人村委会共同承担过错赔偿责任。

第四种意见认为，根据《民法通则》和《解释》的有关规定，受害人和监护人均有过错，电业局和村委会均不承担责任。

第五种意见认为，根据《民法通则》《电力法》《解释》的有关规定，电业局、村委会、受害人、监护人均有过错，应各自承担相应的责任。

法院的判决结果是支持第四种意见。

读者朋友，根据你掌握的法律知识和生活常识，你认为法院的判决合情合理吗？

附　　录

附录一　村民安全用电52个不准

不准用手直接拉触电人。

不准乱动电能表和表外电线。

不准私拉乱接电线。

不准使用不合格的开关、电线、灯头、插座等电气设备。

不准用户使用任何方法偷窃电。

不准在电线上挂晒衣物。

不准带电更换灯泡。

不准带电接电线。

不准开关控制零线。

不准将带电的绝缘电线泡在水中使用。

不准用“一线一地”来照明。

不准灯头线过长或拉来拉去，或用灯泡代替手电筒。

不准用钢卷尺、铁丝、铁棍测量带电设备的距离和尺寸。

不准用湿手、湿布触摸灯泡、开关、插座等用电设备。

不准用铜、铝、铁丝代替保险丝。

不准将电线头直接插入插座内。

不准拾捡落在地面上及水中的电线。

不准随意拆除用电设备的接地线。

不准在电力线路下随意架设电线、电话线，或堆放杂物、杂草或种植爬秧、高秆的农作物。

不准带电修理电气设备。

不准使用无胶盖的刀闸、开关。

不准在雷雨天气靠近电杆、拉线及作业。

不准用灯泡养鱼、孵小鸡。

不准小孩玩弄灯泡、开关、插座等电器。

不准将电线放在地面上乱拖乱拉。

不准不用保险丝连接用电设备。

不准使用漏电的用电设备。

不准私自架设电网。

不准使用普通塑料线作地埋线。

不准利用活树当线杆或在活树上安装电灯。

不准在灯口上再接电线照明。

不准用不绝缘的钳子或剪子剪带电的电线。

不准用手或其他金属工具直接验电，要使用验电笔。

不准将电线绕在树木、柱子及钉子上。

不准使用裸导线作设备的接地线。

不准使用腐朽的木杆作横担。

不准长期使用临时用电设备。

不准用金属物挑带电电线。

不准靠近电线晒衣服。

不准在架空电线上采用挂钩方法搭接用电。

不准私自解除家用漏电保护器运行。

不准使用电炉子做饭、烧水或取暖。

不准带电查找用电设备故障。

不准往电线、瓷瓶和变压器上扔东西。

不准在电力线路下或附近伐树或安装电视天线。

不准将照明线穿过门缝、门窗使用。

不准跨转离地面较低的电线。

不准在电杆和拉线附近挖坑取土及放炮。

不准用水泼或泡沫灭火器扑灭电气火灾。

不准给触电人打强心针、掐人中（鼻下唇上间的穴位）、泼凉水、压木板、埋沙土等。

不准将220伏的电气设备接用380伏电源。

非电工不准操作电气设备和攀登电杆等。

附录二　安全用电三字经

要用电，讲安全，不懂电，有危险。

安全经，尽真言，前车覆，后车鉴。

电老虎，有危险，不听话，没情面。

电不通，找电工，别乱动，别乱按。

乡电工，技术全，负专责，有经验。

心仔细，工具全，安电气，查隐患。

安装前，断电源，细操作，讲规范。

换灯泡，手要干，站木凳，离地面。

穿胶鞋，要绝缘，莫粗心，莫蛮干。

灯要高，闸要严，防儿童，去摸电。

架空线，遇风雨，易搅线，应防范。

出问题，更麻烦，勤检查，免后患。

瞧瞧闸，看看线，出门后，心安然。

遇雷雨，远离线，电杆下，有危险。

衣裳湿，易连电，不出屋，最保险。

关电灯，关电扇，有电视，也别看。

线老化，快更换，裸露线，要包严。

晒被褥，晾衣衫，牢记住，别搭线。

电线杆，牲畜拴，受惊吓，崩断线。

电杆歪，线过低，找电工，排危险。

杆塔边，拉线旁，禁取土，放炮险。

三相电，单相电，按规定，莫混乱。

线落地，别去捡，断电源，再收线。

人触电，先断源，情急时，杆挑线。

边呼救，边急救，方法对，别蛮干。

买电器，要验看，不合格，及时换。
别侥幸，图省钱，劣电器，易触电。
安全经，常背念，记不住，看几遍。
守规程，保平安，电畅通，众心愿。